做甜点不失败的10堂关键必修课

开平青年发展基金会 著

中国轻工业出版社

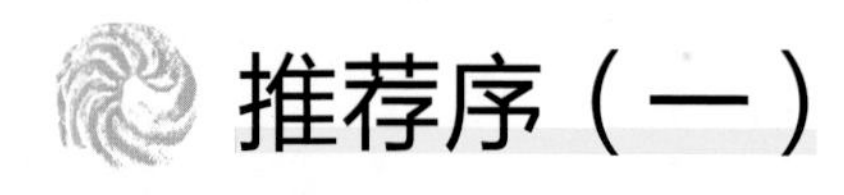

推荐序（一）

最浅显易懂的烘焙工序书

近年随着人们生活水平的提高，人们对饮食的要求，早已由吃得饱、吃得巧，转为吃得健康，吃得有特色、有文化内涵。故当每款甜品呈现在顾客面前时，其购买的过程仿佛是甜品师与客人之间的对话过程。甜品师如何应用食材、色彩、形状等因素来传达心意，说服消费者对食物产生购买意向进而钟情购买，消费者购买后通过品评能体会到甜品师的心意及坚持，慢慢成为喜爱者，进而成为品牌的忠实购买者。

开平餐饮学校一直是培育餐饮技艺人才的摇篮，厨艺的教授过程除了对学生进行人文素养的熏陶、技术的工法培训，更有艺术的美学培育，兼备多项教学理念，致力于提升餐饮从业人员的素质。

开平餐饮学校夏惠汶校长，在台湾地区业内较知名，独具慧眼，以增加餐饮特色为招生及培育目标，使得开平餐饮学校在业界有较高的知名度并被认可，培养出的学子在业界也能有卓越的表现。

如今，夏豪均副校长，将多年来开平餐饮学校引以为傲的烘焙科目，按照基本的材料介绍，器材工具的认知，饼干类、挞类、蛋糕类、甜点制作，装饰技法等内容进行介绍，由浅入深、循序渐进。图文并茂，做法、工序等内容条理分明，浅显易懂，让读者能依序依图制作，顺利完成作品。

感谢夏副校长的用心编排及无私分享。感谢豪均兄，正因为他的认真编排和对烘焙事业的热情，我们才能读到精美印刷的著作。相信本书定能受到爱好餐饮、烘焙的读者的喜爱及肯定。

高雄餐旅大学烘焙管理系主任　廖汉雄

推荐序（二）

料理不只考验技术，也是门艺术

一直以来，开平餐饮学校都是这么教导学生：我们教的不单单是做一道菜，而是如何掌握厨艺的核心精神，也就是说，清楚所有工法和工序，灵活并熟练地运用，以创造无限可能。

开平餐饮学校自创办以来，一直致力于餐饮教育，深耕饮食文化并向外发扬光大，所以常年与餐饮业界密切往来，也因此发现，有些厨师虽然厨艺精湛，能端出一道道震撼味蕾的美味料理，但却常常“知其然，而不知其所以然”，知道怎么操作但无法言述自己是如何完成这道佳肴的，于是，即便烹饪经验再丰富，学生也只能学到烹饪的流程，却传承不了制作美味的“精髓”。

所以，在开平餐饮学校，我们从来不着重于教会学生做菜，而是教授料理的核心、烹饪工序的各个诀窍，让学生不只是学会做好一道菜，而是侧重于从烹饪中学到原理和手法，能“一理通百理通”，以此为基础，举一反三地应用到其他菜肴的制作上。也正因如此，开平餐饮学校的学生才能屡屡在比赛中扬名，因为他们学会的不只是烹饪的过程，而是烹饪过程的核心；他们修得的不只是精湛的厨艺技术，更是职人的匠心。

为什么我们不能让更多人也一起学会烹饪的精髓？

我们认为，不管是对初学者或是专业厨师来说，烹饪都不应该是照本宣科，而是能够从中体会过程的愉悦并享受成果。因此我们花费很长的时间去与主厨们逐一探讨，将二十几年来对于各类料理、食材和厨艺的精研，从中撷取出烹饪所包含的实务、物理、科学等知识，并通过亲身试验、反复验证每道料理的美味细节，以此转化为真正实用的关键技巧，为将专业主厨的烹饪经验与智慧，与科学知识整合，传授让每个人都能够从中获益的餐饮知识。

这本《做甜点不失败的10堂关键必修课》，重新解构甜点烘焙过程中的每道细节，精准剖析各种原理，通过本书，我们希望让每一个热爱烘焙的人，都更能够熟练掌握其中的基本共通法则，并以此与自身的创意结合，创作出属于自己的美味。

我们认为烹饪不该是高不可攀的技术，只能被少数人理解与掌握，应该是与日常生活密不可分的享受过程，这也是开平餐饮学校多年来遵循的教育理念，我们期望的不单是只有我们会、只有开平餐饮学校的学生会，而是能够将正确的餐饮观念与知识通过各式各样的渠道，传递至每一个人的生活与心中。

当我们种下的餐饮种子在越多人的心上扎根，属于中国人的美食文化与记忆也会发芽，我们要做，也愿意持续做的，就是不停歇地将经验提炼与浓缩，化为各种主题活动项目推广，或是撰写成一本本可广泛传阅的书籍。《做甜点不失败的10堂关键必修课》只是开始，未来将会有中餐、中点、面包烘焙等，我们不会止步于此，我们期待与努力的，是希望通过我们的推广与深耕，开启一个属于华人领域的餐饮里程碑。

开平餐饮学校副校长 夏豪晖

关于甜点的起源

根据记载，面包和蛋糕的制作最早开始于古代埃及、希腊和罗马。而人类历史上最原始的甜点以欧洲国家为主要发源地。刚开始制作时是用面粉、油、蜂蜜调和后制作而成的圆饼，后来变成有名的产品，也因此在国际广泛流通。比如法国面包，在法国叫作baguette（也就是我们常说的法棍面包），为什么大家都认识它？正因为它流通得广。又好比蛋糕，美、日、法、中甚至其他东南亚国家都有，还有海绵蛋糕也是如此。

若以分类来说，基本上是以国家特色来区分，如法国的甜点中辨识度最高的，非马卡龙莫属（但在8世纪时它已经出现在意大利），法式烤布蕾和玛德琳、德国的黑森林樱桃蛋糕、比利时松饼、英国的奶油酥饼、意大利的提拉米苏、西班牙布蕾还有油炸甜甜圈都是各国的特色美食。瑞士因为地属寒带气候，所以他们对于甜，也就是对于糖的需求会比较高。西班牙算是欧洲的甜点发源地，最早期的甜点是在修道院做出来的，因为修道院最容易获得各国物资，因此甜点就由修道院的修士、修女制作，后来传到民间后，一般厨师也开始制作，并且传播得越来越广泛。相传海绵蛋糕（Sponge Cake）也起源于15世纪左右的西班牙，随着当时其致力于拓展疆土，所以也把蛋糕的做法传到了全世界。

世界各国的招牌甜点

在欧洲，甜点店是非常常见的，这些店会同时为食客提供热饮，喝的时候会搭配小松饼。英国普鲁斯特的下午茶，就会搭配一个玛德琳蛋糕。而美国甜点的做法是在欧洲国家甜品做法的基础上演化而来。红豆面包的做法起源于日本。越南之所以会有法国面包，也是因为他们曾经是法国的殖民地，所以法国面包在当地也很常见。

牛轧糖，其实是源自于意大利，而土耳其的花生糖、坚果糖则数一数二。台湾地区凤梨酥这类的中式点心，也被大家所熟知。

目　录

1 PART

新手入门不失败！

制作前一定要先懂的基础观念和知识

PART 2 新手入门不失败！饼干和甜挞 容易失败点完全破解！

3 PART

新手入门不失败！

巧克力、泡芙、奶酪、布丁、布蕾 容易失败点完全破解！

4 PART 新手入门不失败！蛋糕和装饰 容易失败点完全破解！

注:
本书所介绍的甜点配方中，食材用量后标注的百分比为单种食材占所有原料的百分比。
食材具体用量可根据实际情况微调。

-PART-

1

新手入门不失败！

制作前一定要先懂的

基础观念和知识

Lesson 1

搞懂做甜点的基础材料和关键名词

基础材料 | 制作甜点必备

1. 面粉

制作甜点时，通常会选择低筋面粉来制作。中筋面粉或高筋面粉，不适合用于制作甜点，这是因为中筋面粉的筋度比较高，所以中筋面粉大多都用来制作包子；而高筋面粉则大多用来制作面包。错用面粉，例如用高筋面粉制作出来的甜点，口感会偏硬，这是因为筋度、蛋白质的含量，会决定蛋糕的柔软度。中筋面粉同样不适合，所以制作甜点，一定要选择低筋面粉。

至于品牌，因为低筋面粉的筋度本来就偏低，不像做面包时会考虑用筋度较高的面粉来制作。低筋面粉的品质各大品牌之间没什么差别，如果想要甜品有细致的口感或湿润度可以选择粉性比较细致、保湿性也较好的面粉。但若考虑到价位，还是可以选择用普通国产低筋面粉来操作。

2. 油脂

★固态油

制作蛋糕时，通常会用到无盐的油脂，即盐分含量较少的油脂。海绵蛋糕或戚风蛋糕的油脂，都需要化开后再加入面糊里，但如果是重黄油蛋糕，就会用固态黄油和糖粉相打发。可以挑选自己喜欢的黄油。但若是新手，建议使用稳定性较佳的黄油为首选，因为它不易受加热温度的影响，操作起来不易失败，乳脂肪的味道也比较重。有些品质较差的低脂黄油，常常会因为气候的关系，而变质、酸化或腐败，一旦保存不当，就容易酸化。

无盐黄油、有盐黄油

市售黄油可分为有盐跟无盐两种。不管是有盐黄油还是无盐黄油，皆属于乳制品的一种，也都是从牛奶中分离出来的，乳脂含量约为85%，而水分含量大约为15%，被大量用于烘焙过程中，例如饼干、蛋糕、挞、派、奶酥馅等。

有盐黄油因为含有盐分，大多用在制作饼干或是带有咸味的西点、糕饼上，这类黄油，含水量比无盐黄油稍高，所以使用时必须先看一下食谱配方，平常需放在冰箱里冷藏。

发酵黄油

在黄油中加入乳酸菌发酵后会产生特殊风味，因此这类黄油具有乳酸发酵后的微酸香味，它的保湿性极佳，比一般黄油更具有浓烈、天然的乳脂香味。

烘焙小秘诀

判断黄油是否变质

- **在操作过程中，当水沉淀到下层时，会出现油水分离的情况、无法结合。**
- **在备料当中，可以用黄油的塑性来判断。如果塑性很好，在制作蛋糕体时，融合度还有乳化会比较完全，风味也会比较好。**

尽量避免使用含反式脂肪酸的油脂，例如：酥油。虽然酥油香气十足，但都是人工制品，所以要尽量避免使用。

★液态油

像橄榄油、蛋糕油这类液态油，也可以使用。

蛋糕油属于植物性，不用处理就可以直接使用，不仅可以让戚风蛋糕、海绵蛋糕这类蛋糕更膨松，制作出来的蛋糕口感更轻盈，可中和一般奶油过腻的口感，且柔软度会比使用一般的奶油更好。

烘焙小秘诀

因配方的不同，使用方法也会随之不同

- **黄油少、蛋多的制作法则**

糖跟黄油打到五分发时，如果蛋液一次倒入，会出现油水分离的情况，影响烘焙膨胀度。做出来的蛋糕组织不均匀。味道也不好，口感会偏干硬。所以，解决的技巧就是蛋液必须分次加入，可以先加1/3的蛋液，拌匀之后，再加入1/3蛋液，交错加入，即可避免分离的情况发生。

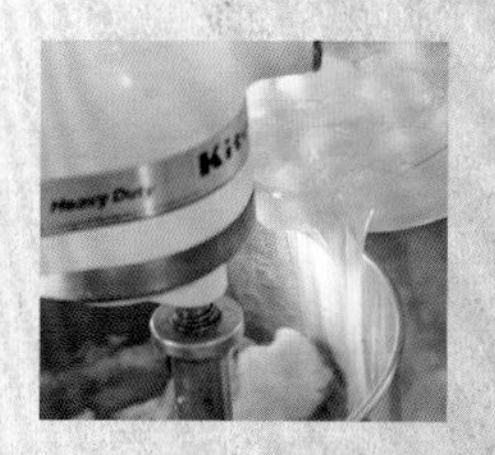

- **黄油多、蛋少的制作法则**

不用分次加入，黄油打发至五分，就可以直接倒入蛋液，拌匀之后，倒入粉类即可。如果有干果类食材，可以最后加入，拌匀即可。

3. 糖

★砂糖、糖粉

糖是甜品风味的来源，也是烘焙上色、让蛋糕可在一定时间内保鲜的关键原料之一。糖的种类有很多，通常做甜点所使用的，以细砂糖较多。虽然糖粉跟细砂糖的甜度一样，但细砂糖做出来的蛋糕口感较好，不像用糖粉做出来的，口感会略干、略差。而比较细腻，溶解较快的上白糖（在白糖中加入转化糖浆）、三盆糖（色泽淡黄、颗粒均匀，有淡淡香甜味）也可选用。如果要增加特殊风味，可以选择黑糖。

但有些甜点，会用初阶糖来取代黑糖。初阶糖是甘蔗或甜菜根在初步加工时所制成的粗糖，属于细晶粒砂糖，与黄油一起打发时，较容易溶解，还可使糕点的口感更湿润，所以制作出来的蛋糕，口感度更佳。尤其保存时间能更久，整体来说，甜度也比一般的精致砂糖低。能保留蔗糖原始风味，也是其一大特色。

液体糖不能作为糖分的主要来源。例如配方里面，糖的使用量是1000克，最多只能使用200克的糖浆，剩下是800克的细砂糖。

★转化糖浆

天然的糖经过转化后，由单糖变成双糖，可以转化蛋糕内部组织，增加蛋糕的湿润度，达到延长保存期限的作用，以及防止口感变干的问题。

初阶糖

上白糖

三盆糖

4. 蛋和牛奶

蛋可让蛋糕体积膨胀，利用搅拌中空气进入蛋的结构的过程，打出细致的泡沫，从而让蛋糕体积变得膨松，此外，它更有乳化和凝结的作用。为避免打发过程的失败，选购时要注意一定要选择新鲜蛋，尽量不要使用已经分离好的液体蛋，因为其打发性较差。

牛奶可以改变蛋糕整体的上色度以及风味。同时，牛奶也是韧性材料，可以让蛋糕的口感更有韧性，拿取时也不易破裂。如果因考虑成本，以水来取代，就会让风味以及弹性降低。入口时，只会品尝到蛋味而缺少奶味，口感上差别会很大。

5. 鲜奶油

制作甜点时添加鲜奶油，会让蛋糕的乳脂肪含量更高。而市售鲜奶油依乳脂肪含量的不同，可用于制作不同的甜点。

不同乳脂含量的鲜奶油用途也不同：

• 乳脂含量37%：

风味清爽，吃起来不腻口。

使用范围：戚风蛋糕、蛋糕卷、草莓鲜奶油蛋糕、法式千层。

• 乳脂含量42%：

容易打发，打发后的结构也相对稳定，可用于裱花、外部装饰、夹馅等。

但因保存期限短，所以一旦放入室温中超过一个小时，马上就会结块，倒出后会呈块状。

鲜奶油分为植物性和动物性两种。

★植物性鲜奶油

又称为人造鲜奶油，主要成分为棕榈油、玉米糖浆，以及其他的氢化物。通常植物性鲜奶油中已添加糖，口感甜，油脂含量没有那么高，且因含有乳化剂、稳定剂与高糖分，所以结构相对比较稳定。通常会用在生日蛋糕的装饰、抹面。对于初学者来说，植物性鲜奶油也存在过于打发的问题，所以刚开始操作时，和蛋清一样建议用中速打发。

★动物性鲜奶油

动物性鲜奶油（UHT）主要是从牛奶中提炼而来，不含糖分，以乳脂含量来区分所适用的范围。

• 乳脂含量35%～38%：可打发，适合用于制作慕斯类、蛋糕卷类。

• 乳脂含量42%：容易打发，适合用于蛋糕装饰以及裱花。

乳脂含量大约为45%的动物性鲜奶油，也存在着保存期限较短的问题。甜品的制作过程中，由于使用了动物性鲜奶油，所以会使甜品的视觉效果显得稍大，它的运用也比较广泛。一般来说，动物性鲜奶油可以直接打发，比如制作生乳卷，可以用1000克的动物性鲜奶油加入70克的细砂糖来打发，以增加甜度，也可以运用在饼干或蛋糕、甘纳许的内馅制作上。

而动物性鲜奶油打发程度完全视制作需要而定，根据甜品的类型不同打发程度也会不同，通常制作慕斯时，因为需要混入较多的空气，所以需要打到七分发，但有人喜欢打到八分，因此吃起来的口感就会比较干、硬，如果动物性鲜奶油打发够充分，吃起来应该像是蒸烤布丁。

6. 其他

粉类：

可以添加抹茶、巧克力、可可粉等进行变化延伸。

甘纳许（Ganache）：

简单来说，就是巧克力与鲜奶油的混合物。制作甘纳许所使用的巧克力大多是调温巧克力，不管是黑巧克力或白巧克力、牛奶巧克力都可以。但需先将鲜奶油和巧克力完全乳化（充分拌匀），才能够做出口感顺滑的甘纳许。

关键名词 | 开始前必学

1. 打发

所谓的打发，就是打入空气，当空气进入后，蛋糕才会变得膨松。奶油打发程度越大的蛋糕，组织就会越粗糙，保鲜期也会越短，所以建议打奶油时，最好打到微发，已经呈现泛白膨松状时，大约是五分发。打发就是从未打发到打发的过程，当打发到某个程度之后，就称为发泡。

发泡还会分成几分发的等级，不同蛋糕需要打发的蛋白，有不同程度的结合。例如：做奶酪蛋糕时，蛋白就打到六分发，六分发的蛋白，提起搅拌头时会有流动感。如果是戚风蛋糕，大概是八分发，提起搅拌头时会如图所示呈现尖状。当然每个人喜欢的打发程度不同，有些人喜欢打到七分发的程度。

烘焙小秘诀

六分发

又称为湿性发泡，例如：制作轻奶酪时，就是要使用这个打发程度。

搅打器尽量不要开快速，因为速度越快，混入的空气越多，当用来抹面时，用快速打发的鲜奶油就会出现很多孔洞。反之，如果用中速打发，密度的结合较稳定，就会很细致，抹出来的鲜奶油就会很漂亮、光滑。如果用快速打，很容易打发过头。植物鲜奶油因为已经有甜度，所以也不适合去做蛋糕烘焙或是搅拌。

七分发

七分打发后的奶油形状像鸟嘴，但是下半部很硬实。夏天的鸡蛋，会存在韧性不足的问题。所以夏天在打发蛋清的时候，建议糖不要分次加入，应一次性加入，否则打起来的蛋白易分离，也不光滑，反之，冬天时就可以分次加入。

九分发

就是所谓的干性发泡。对于没有打过蛋白的新手来说，最好是用中速来打发，比较容易掌握自己想要的发泡程度。用中速打发出来的蛋白，因为速度平均，所以会很细致，每个孔洞都很平均，打出来的蛋白会很漂亮。如果是用快速打发，孔洞就会有大有小。

若面糊较湿，就要和打发后的蛋白一同搅拌。

绵密口感的蛋糕，蛋清的打发程度为六分。

消泡

气泡不足以包覆剩下的材料，例如面粉或油脂，就会沉淀、塌陷，体积变小。面包的膨松是来自烘焙发酵的气泡，蛋糕则是烘焙蛋白、蛋黄打发的气泡。

过于打发的蛋清很像塑料泡沫。

不同材料、不同程度的打发要如何分辨？

★全蛋打发

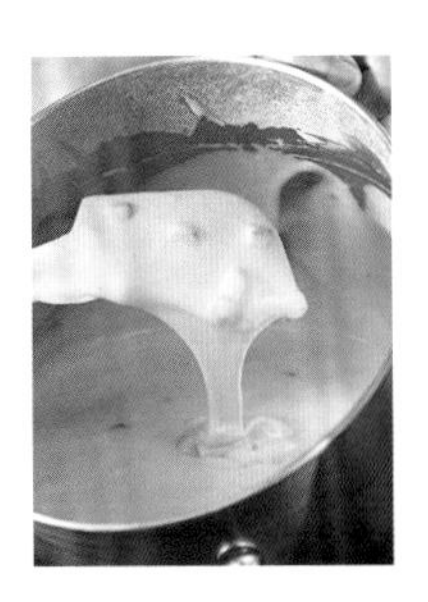

就是把蛋清、蛋黄一起打发、一起搅拌，全蛋打发不会出现过度打发的问题。依据面糊流动的程度，如果面糊的流速顺畅，表示发度掌握得很好；若流动时出现卡顿、流动不畅时，就表示过度打发。

若没有将面糊进行搅拌就直接拿去烤，因为混入的空气太多，蛋糕体组织就会全部都是空洞，整个下塌。所以全蛋打发必须用手或是刮板去拌匀。如果拌过头，提起来跟水一样，那就表示已消泡，必须放弃。

此外，即便充分打发，经过拌和的动作，还是可以让面糊整体变得滑顺。

烘焙小秘诀

全蛋打发，怎样判断打发成功？

用打蛋器高速打发到泛白且膨松、流动缓慢的程度，滴落过程中有明显的痕迹。

打发后的蛋液如果流下来的速度偏慢、卡顿、不顺畅，就表示打发过头。

★分蛋打发

与全蛋打发不同的是，它是将蛋黄、蛋清分别打发后，将二者混合，最后拌入糖粉。黄油则是用70℃加热化开后，再倒入一起搅拌。利用分蛋打发制作出来的成品，可以制作例如手指蛋糕，或是现在比较流行的生乳卷。

烘焙小秘诀

- **出现孔洞大小不一的情况时，这样补救**

  打蛋器改成中速，气泡就会由大变小。对于有经验的人来说，一开始使用快速打发，虽然组织的孔洞会比较大，当打到需要的程度之后，转成中速，观察蛋白组织，组织会分解成小分子，并慢慢变得滑顺。

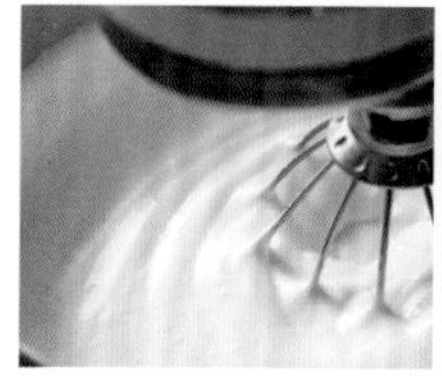

★蛋清打发

不一样的打发程度会用于不同种类的甜品制作过程中。比如说，比较湿的面糊，打发蛋清时就要配合面糊的湿度去做搅拌。如果制作戚风蛋糕自然就要打到八分发，才会有足够的空气去支撑蛋糕体。如果是轻奶酪蛋糕，因为讲求口感绵密，就需要将蛋清打发至六分。如果是七分发，就是呈现鸟嘴状，拉起来会稍微下垂。

烘焙小秘诀

- **七分发**

  如果挤出来的蛋清霜不会散开，那这时候的打发程度就是七分发。

- **蛋白霜干性发泡**

  将蛋清打到用打蛋器提起时，尖端呈硬实状态即可。

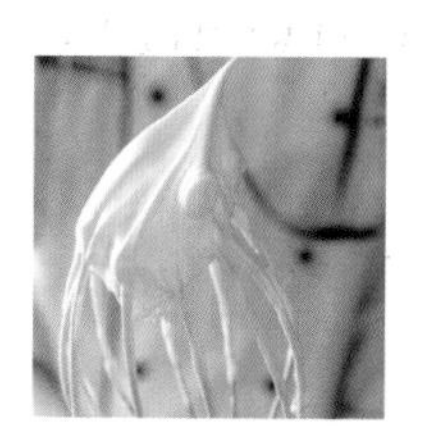

- **蛋白霜湿性发泡**

  如何判断蛋白霜是否打到湿性发泡的状态？只要将蛋清打发到拿起打蛋器时，尖端呈现弯曲的状态即可。

★鲜奶油打发

乳脂只要一结合就难以破坏，如果一直搅打，结合就会越来越好。气泡会慢慢结合到最好的程度，可是一旦打发过头，就会松散不成形。

七分发

在动物性鲜奶油加入细砂糖，用打蛋器以低速打发至大约是稍微流动的程度，就是七分发。

Q：动物性鲜奶油万一打发过头怎么办？

可以加入鲜奶油补救。用慢慢添加的方式，并以慢速搅拌。

再添加动物性鲜奶油进去，就会渐渐变硬。

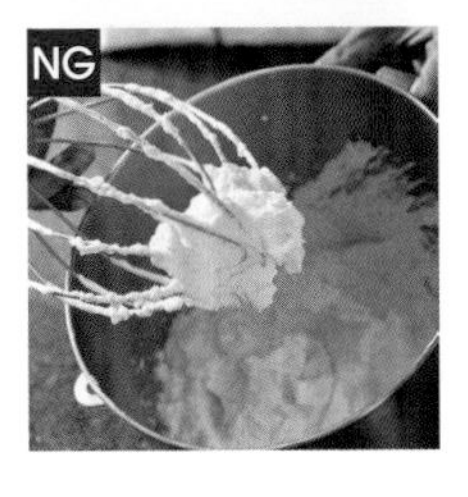

鲜奶油打过头时，乳脂与水分会呈分离状态。

Tips

如果鸡蛋不新鲜，打发后较稀薄的蛋白霜会影响它的黏稠度。打发蛋白时，器具内部有油或者水，或是蛋清液中混有部分蛋清，就无法将空气混入。搅打蛋清时加入砂糖则可以有助于蛋清打发。

烘焙小秘诀

打发鲜奶油的必学秘诀

- **秘诀1：在低温状态下打发使用搅打器打发**

使用搅打器打发鲜奶油时，因摩擦生热的关系，所以温度会升高，一旦温度升高，鲜奶油就会有消泡、发泡组织变粗，甚至出现脂肪颗粒形成的油水分离现象，所以可以将鲜奶油倒入搅拌盆中，一起放入冷冻室约15分钟。另外需准备1个不锈钢盆，放入大量的冰块与水，取出鲜奶油后放置在上面搅拌即可。

- **秘诀2：在短时间内把空气打进去**

想要鲜奶油有细致、轻盈的口感，就要用较快的速度进行打发。在打到八分发之前，建议尽可能快速地打入空气。但因为发泡是不可逆的过程，所以，对于新手来说，有可能会有打过头的疑虑，所以建议是以中速搅打，稳定度会比较好。

★奶油的打发

奶油尽量放在室温回温，当摸下去时会有点陷下去的感觉，这样状态的奶油去打发时，打发也会较充分，如果直接用从冷冻室取出的奶油，会打发不充分，也会结块。当烘焙时，也能明显感受到，打发程度是不够的。切记，奶油一定要放入室温软化。万一打发至过软，就要放回冰箱，冷冻到适度的软度，再拿出来操作。

完全软掉的奶油也不利操作。

2. 拌和

糖油拌和法

奶油、糖打到微发后，再加入鸡蛋拌打，最后加入已经过筛的粉料即可。

粉油拌和法

粉的比例比较多，油的比例比较少。拌匀之后，再加入蛋液。

3. 过筛

制作甜点的粉类（低筋面粉、糖粉、玉米粉、可可粉等）一定要过筛。因为低筋面粉的蛋白质含量比较低，所以容易结粒。如果没有过筛，制成蛋糕后，切面组织会有颗粒、粉块。相反，蛋白质含量越高的粉，质地会比较细，所以不用过筛。

4. 预热

不论是制作甜点或是面包类的食品，烤箱都需要一段时间的预热，内部的温度才能达到指定的温度。通常会以烘烤温度预热10分钟，当温度达到时再放入蛋糕或饼干，它会马上受热而收缩，把水分封住，避免表面水分流失。

Q：如何知道烤箱已经达到所需的预热温度？

A：有些烤箱上有温度显示，有指针式的也有数字显示的形式。而有些烤箱则有一个显示灯，灯灭时表示已到达所需温度，烤箱会停止继续加热。或者可利用烤箱专用温度计，即可马上知道烤箱是否已达预热温度。

Q：烤箱不能分上下火该怎么办？

A：由于各个牌子烤箱的功能不同，因此有些烤箱并没有上下火之分，通常上下火温加起来后再除以二，就是烘烤所需的火温了。此外，在烤箱中调换位置也是一个控制温度的方法，但烘烤时间不需要调整。

例如：戚风蛋糕的烘烤温度是上、下火200/150℃，如果是没有分上、下火的烤箱，可以用（200+150）/2约等于180℃的均温来进行烘烤，大约烤40分钟。

5. 脱模

戚风蛋糕是质地比较柔软的蛋糕，烘焙时会充分膨胀，可是如果取出后将空气振出，会出现塌陷（如果烤过头，也会出现塌陷）。所以脱模后，必须倒扣放凉。但如果是自己家里做的蛋糕，因为不用在乎造型是否美观，所以就可以省略倒扣的动作，如果是要将戚风蛋糕作为商品进行出售，为求表面美观，就必须倒扣。通常需要倒扣的蛋糕，大概要烤至九分熟，摸起来有弹性，就要赶快倒扣。若烤到十分熟再倒扣，就有塌陷的可能。

烘焙小秘诀

徒手脱模的诀窍

1 将蛋糕外围和模子相粘的地方先往内凹。

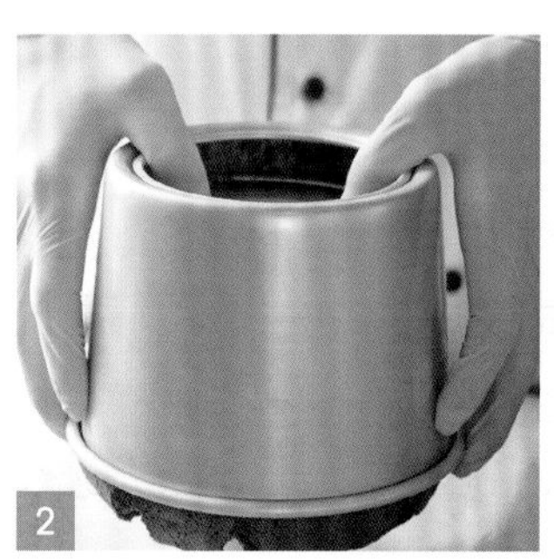

2 倒扣后敲一敲，模具便可脱离。

3 接着一边转一边往下剥开。

4 剥到一半时再敲一下，将底部的模具取出。

5 完全脱模。

Lesson 2

做甜点这些工具一定要准备好

基本工具 | 制作前先准备好

1. 量秤和量杯

现在通常都使用电子秤，对于需要测量1克以下的微量材料，也能量得较准确。由于一般家庭的制作量并不大，所以只要购买可秤12千克的秤即可。

若食谱配方中液体食材，则要使用刻度清楚的透明量杯进行称量。

2. 打蛋器

可以分为手动打蛋器、电动打蛋器跟桌面型搅拌机三种。

◎手动打蛋器

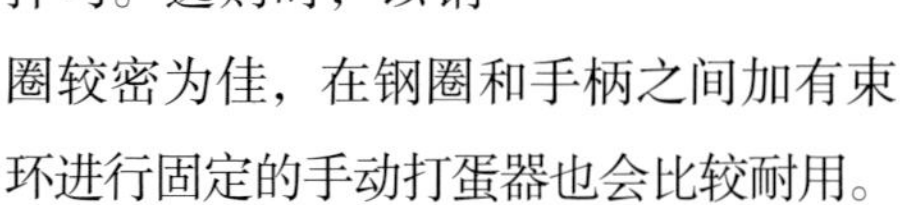

搅拌少量材料时可以使用，如打蛋、打发鲜奶油或把材料拌匀。选购时，以钢圈较密为佳，在钢圈和手柄之间加有束环进行固定的手动打蛋器也会比较耐用。

◎电动打蛋器

电动打蛋器与手动打蛋器的功能相同，同样是用来搅拌材料。不过，经常做甜点的人，最好准备一个电动打蛋器，在搅拌材料的时候一定会用到，可以节省很多力气。而且可用来搅拌量较多的材料，打发的程度也比较理想。

◎台式搅拌机

台式搅拌机虽说是比较专业的搅拌器，但如果你家厨房的空间够大，可以考虑选购。这是因为使用起来相当快速且完全不费力。此类产品中以功率为200瓦以上的类型较好用。

3．不锈钢盆

是烘焙时必备的搅拌容器，搅拌材料或称量材料时一定会用到，有不同的尺寸大小，可以依个人需要加以采购。

4．橡皮刮刀

橡皮刮刀主要用于将材料及面糊搅拌均匀，也可将搅拌盆中的材料刮干净。通常有两种规格，一种是可以耐热、耐高温到200℃的刮刀，在煮果酱或是酱料时会使用。另一种则不耐热，需避免用于高温搅拌。另外，选择一体成形的会比较好。

5．筛网

筛网主要功能为筛粉，让结块的粉类变松散、细致，较易搅拌，也常用于过筛糖粉或可可粉来装饰。也可用来滤除杂质或是蛋液泡沫。选购时以能配合搅拌盆的大小来使用者为佳。

6．耐热手套

又称为隔热手套，是用来拿取刚烤好的蛋糕及铁盘，就算不是做点心，也是家庭必备用品。选购时以符合标准规范的耐热手套为佳。

7．烘焙纸和烤盘

烘焙纸用于做蛋糕时，功能非常广泛。主要的功能是铺在烤盘上，让面糊与烤盘隔绝，例如制作戚风蛋糕、海绵蛋糕时都需要，烤完之后有助于蛋糕的脱膜、取出，不会黏附在烤盘上。市面上有一次性的烘焙纸以及可重复使用的不沾布两种材质供选择。

8．抹刀

可以分为平抹刀以及L形抹刀两种。抹刀通常用于蛋糕装饰，在表面抹鲜奶油后去做修整，也可以把放在凹槽容器的面糊或是蛋糕夹层均匀抹平。

9．刷子

毛刷常用来刷上蛋汁、镜面果胶，也可用来为面团、烤模刷油。在材质上，有塑料刷毛和羊毛刷毛两种。羊毛刷毛比较细，柔软好刷，且刷过会比较漂亮，但缺点是容易掉毛，所以如果要选择羊毛刷毛的刷子，建议选择不易掉毛的烘焙专用刷子比较好。

10. 蛋糕模和长形磅蛋糕模

蛋糕模的种类非常多。以使用率来说，圆形蛋糕模最常用，其中又分为可脱底的活动模与一体成型两种；材质上有铝合金以及不粘模可选择。因为制作戚风蛋糕时不能在模具上抹油，因此最好使用不粘的模具，制作一般蛋糕时只要在模具上涂油、撒面粉，即使用普通模具，脱模效果也很好。

长条形的槽状蛋糕模，主要是用来制作重奶油类磅蛋糕或是小型吐司。

11. 派模、挞模

派模和挞模都是有助于成品脱模的上宽下窄浅盘。市售模具亦有可脱底以及不可脱底两种，若属于馅料填入较多的类型，最好使用可脱底式，否则就要先抹上一层薄油来防粘。

12. 纸模

对于刚刚学做点心的新手，或是不想一开始就买大量模具的人来说，可以先选择便宜的纸模，等烤完后直接撕开即可。

Tips

依据本书配方中的食材量，可制作的甜点数量如下：

布丁、布蕾、蛋挞：一次约为10个

饼干：大约20片

六寸模具蛋糕：2个或者2个以上

13. 裱花袋和裱花嘴

圆锥形的裱花袋用途很广，前端装上裱花嘴，可用来挤面糊，制作小饼干和泡芙，也可为面包、派、挞填馅，当然，做鲜奶油装饰蛋糕时，更是少不了它。若裱花袋为尼龙制品，洗净晾干后可重复使用，而裱花嘴则有圆形、平口、星形、菊花等各种大小及形状，可变出许多花样，材质则以铁质及不锈钢为佳。

若家中没有裱花袋，可以拿塑料袋，剪去其中一角，就可以当成裱花袋来使用。

Lesson 3

制作烘焙要诀

1. 饼干类制作烘焙要诀

饼干可分成冷冻小西饼、冰箱小西饼或是曲奇饼这几种，使用糖油拌和法制作的饼干有些是放在冷冻室。把饼干面团做好之后，先塑成长条形，冷冻后再切成一片一片，这种就称为冷冻类饼干。冷藏类饼干因为做出来的面团比较细，所以要先冷藏，而这类饼干的奶油含量高，取出后可直接挤成饼干坯。

分类上，饼干分为常温、冷藏还有冷冻这三大类。不同类别的饼干，口感上就会不一样。

常温类饼干

口感比较酥松，像是喜饼这类饼干，油粉比例比较接近，所以口感较干松。

冷藏类饼干

面团较软，所以需要冷藏一下后再塑形，而这类饼干的油脂含量较高，口感酥脆，例如莱姆葡萄饼干。

冷冻类饼干

冷冻类的饼干，含粉量比较多，也比较硬，像是棋格饼干。粉越多的饼干，越容易塑形，也越好整形，成团后会拿去冷冻，再切片。

制作饼干的重点在黄油的使用技巧，不能太硬，绝对不能直接从冷冻库拿出来后就开始拌和。黄油太硬就无法跟其他材料混合。且烘焙时要注意到每一个面团的大小、重量，大小要平均，这样在烘焙时，才能受热均匀。饼干坯厚度不一致会造成熟度不一致，所以应该使饼干坯的薄厚一致。

有些人喜欢把饼干做成玩偶造型，这样饼干坯就会变得很厚，这样容易烤不熟或是两面都焦了里面才熟，所以饼干塑形时要注意不要过厚。

2. 派挞类制作烘焙要诀

派挞类的制作要诀是在搅拌时，跟饼干一样，黄油一定要回软后再和粉类、水、糖、蛋等材料结合。

一般在制作挞皮时比较关键的步骤就是使面团变得松弛。也就是操作完之后要冷藏松弛大概12个小时，这样在烘焙时挞皮才会收缩。烤好之后如果缩边，就是因为松弛不够。像法式的挞、美式的派皮，在烘烤之前都需要松弛。

制作蛋白霜（这里介绍的做法是意式蛋白霜），是在打到湿性发泡的蛋白中，倒入煮至118～120℃的糖水，边以高速打发到拿起后蛋白挺立的状态，再放置一下让蛋白降温。

另外就是直接装饰的蛋白霜，蛋白霜做完后直接挤在蛋糕上，然后用喷火枪烧一下，烧至表面略微上色就可以了。但是因为不易存放，当天就要吃掉。烤完之后放干燥箱内，还可以用来装饰或者是直接吃。

3. 蛋糕类制作烘焙要诀

两大类蛋糕种类

面糊类蛋糕

面糊类的蛋糕主要以面粉、糖、蛋、奶油、奶等为主要材料，以“糖油拌和法”先把配方中的糖和油放入搅拌盆中搅拌，再加入配方中的其他原料拌匀，通过搅拌过程，让大量空气一起混入，让体积增大。面糊类蛋糕的配方，是利用固体油脂来润滑面糊，产生柔软的组织，所以油脂的含量比例比较高。

主要特色：蛋糕的体积较大、组织松软、风味浓郁是主要特色。例如重奶油蛋糕、轻奶油蛋糕、马芬、松饼等都属于组织较绵密、口感较扎实的面糊类蛋糕。

乳沫类蛋糕

主要材料为面粉、蛋、糖、盐等，辅助材料则有油脂、奶水等。这类蛋糕的主要原料是蛋，它是利用蛋打发起泡的特性，来作为使蛋糕体积增大的主要原料。

若要改变此类蛋糕的韧性，只要酌量添加流质的油脂即可。

乳沫类蛋糕依使用鸡蛋的不同，又可细分为两种：

1. 蛋白类

最主要以蛋清为材料，制作出来的成品口味清爽，例如天使蛋糕。

2. 海绵类

使用全蛋或是蛋黄作为使蛋糕体积膨胀的主材料，成品松软有弹性，所以称为海绵蛋糕。利用鸡蛋的起泡性，通过打发的动作带入空气，让蛋糕充分膨胀。

另外，常见的戚风蛋糕则是结合面糊类蛋糕以及乳沫类蛋糕的特色，入口时口感湿润、组织松软是主要特色。

做海绵蛋糕的基本流程为：准确称量材料，打发全蛋和糖，过筛面粉，将黄油化开，将全蛋打发到需要的程度后，再把粉类分次加进去拌和。等拌和完成后，加入化黄油再次拌和后，倒入烤模。

依不同的单品去设定烘烤的时间，如果蛋糕糊填满整个模具，则必须在烘烤之后，取出、倒扣、脱模。脱模之后放冰箱冷藏，经过冷藏的蛋糕体，会变得比较硬，也方便去做裁切以及夹馅、装饰。

烘焙小秘诀

面糊密度

面糊密度可用来测试蛋糕面糊的搅拌程度。因蛋糕面糊在搅拌过程中不断拌入空气，拌入空气越多，面糊密度越轻，烘焙出来的蛋糕体积越大，组织较于松软，然而，过度的搅拌可能让太多空气拌入面糊中，因气孔太大导致蛋糕内部组织较为粗糙影响口感。相反，若搅拌不足，拌入空气太少，面糊密度较大，蛋糕烘焙的膨胀力较弱，组织与口感较坚韧而不松软。

面糊密度算法，将一个量杯注满水量出水的体积后，再换成把蛋糕面糊装到量杯里称出面糊重量，再将面糊重量除以水的体积，可得知此蛋糕面糊的密度。例：同一个量杯注满的水为250毫升、蛋糕面糊重200克，面糊密度为200/250＝0.8克/毫升。

烘焙小秘诀

- **油脂含量的多少比较**

油脂较多的蛋糕，口感上会比较偏硬。面糊类蛋糕的油脂比例为60%以上。

- **打发程度比较**

鸡蛋如果打发过度，组织会越粗糙、老化程度越快。

- **含糖量多少比较**

含糖量太高，会出现打发不完全、膨胀度不够的情况。在烘烤的过程中，也较容易变焦黑。

Lesson 4

超人气甜点实作必修课

草莓天使

Strawberry Angel Cake

人气指数：★★★★★

材料

蛋清360克（44.9%）| 塔塔粉4克（0.5%）
细砂糖150克（18.7%）| 盐6克（0.7%）
低筋面粉230克（28.7%）| 玉米粉20克（2.5%）
香草精2克（0.2%）| 柠檬汁30克（3.7%）
柠檬皮碎适量 | 草莓酱250克

装饰

草莓巧克力液适量 | 新鲜草莓适量
干燥覆盆子碎适量

酸甜弹牙的口感，绝对值得恋人收藏的粉嫩色彩！

做法

1. 将搅拌盆中的油脂及水分擦拭干净，依照顺序，先倒入蛋清液，再倒入塔塔粉。

2. 倒入盐。

3. 再加入1/2细砂糖。

4. 开始搅打到均匀、泛白。

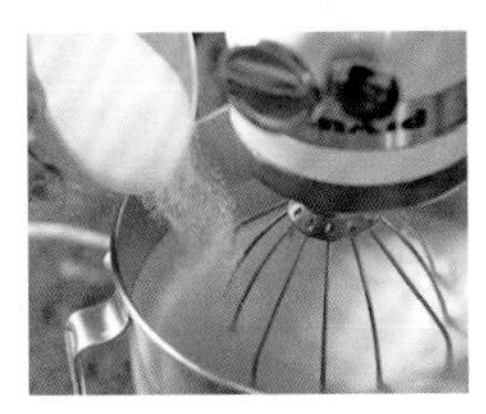

5. 加入剩下的细砂糖。

6. 快速打发至湿性发泡（提起打蛋器时头部的打发会呈现弯曲的六分发状态即可）。

7. 筛入低筋面粉、玉米粉，一边搅拌一边加入，直到整体拌匀。

8. 加入香草精。

9. 倒入柠檬皮碎。

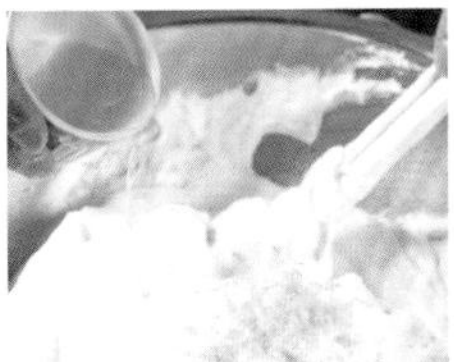

10. 加入柠檬汁，拌匀。可有效去除蛋清特有腥味。

11. 加入草莓酱。

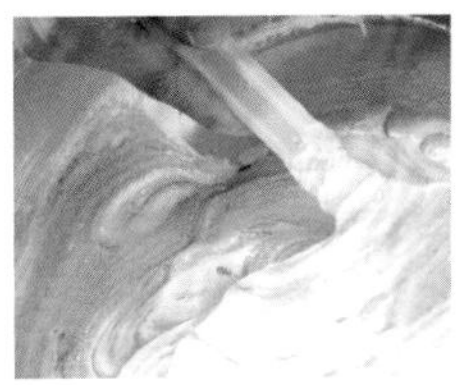

12. 充分搅拌均匀。搅拌时动作要轻，以免消泡。

13. 拌匀后再装进事先准备好的裱花袋中。（Tips）

14. 将裱花袋里的面糊填入模子里，约八分满。轻轻震动消泡。移入已预热的烤箱中，以170/150℃烤15分钟。

15. 把温度调至150/150℃续烤约15分钟，当测试蛋糕表面有弹性后即可出炉。将蛋糕倒扣放凉后取出，沾上化草莓巧克力液，撒上适量的干燥覆盆子碎，放入新鲜草莓即可。

Tips

面糊填入裱花袋时，应避免混入太多空气，且动作要快，以免消泡。
为避免蛋糕底部烤焦，必须在模子下方加放一个铁盘。

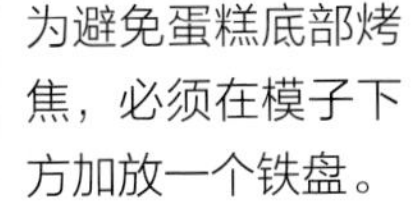

搭配一杯日式抹茶，富含层次的余味，一同占领味蕾。

铜锣烧

Dorayaki

人气指数：★★★★★

材料

色拉油95克（6.2%） 橘子水95克（6.2%）
低筋面粉250克（16.4%） 泡打粉5克（0.3%）
鸡蛋100克（6.5%） 蛋黄250克（16.5%）
蛋清500克（32.8%） 塔塔粉6克（0.4%）
细砂糖225克（14.7%）

夹馅

市售红豆馅适量

做法

1. 将搅拌盆里的油脂和水分擦净，倒入色拉油。

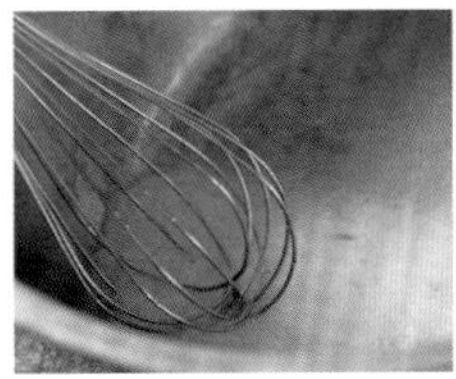

2. 再倒入橘子水，一边倒，一边混合搅拌均匀。

3. 将低筋面粉以及泡打粉筛入搅拌盆里，筛网里如果有结块的面粉，可以用刮板略压，帮助过筛。

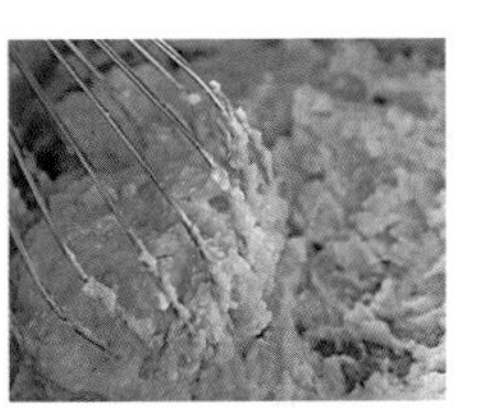

4. 使用打蛋器将材料搅拌均匀。

5. 再加入鸡蛋以及蛋黄液。

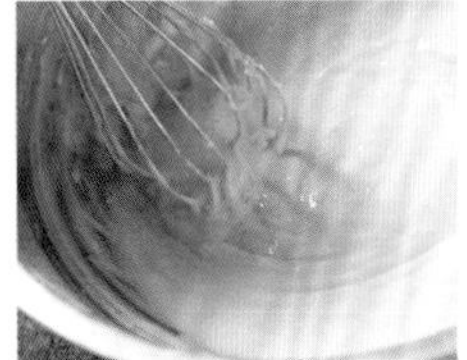

6. 再次拌匀后，制成面糊备用。

7. 另取一个搅拌盆，擦净容器内的油脂或水分，倒入蛋清液，再倒入塔塔粉。

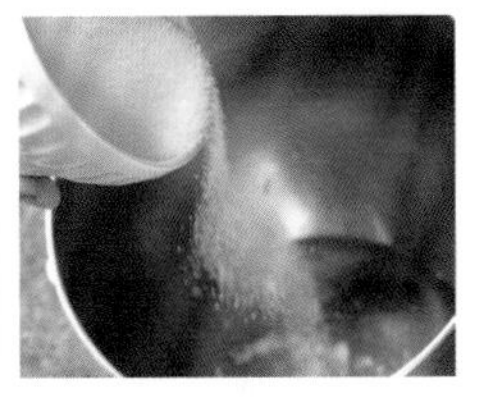

8. 倒入1/2的细砂糖。快速打发至泛白。

9. 加入剩下的细砂糖。

10. 继续搅打，打发到湿性发泡。

11. 将打发的蛋清倒入面糊中拌匀。

12. 搅拌时力度要轻柔些，直到面糊的流速滑顺即可。

13. 为防止粘连，铁盘上事先要喷上一层烤盘油。

14. 撒上适量的面粉，多余的面粉倒出即可。

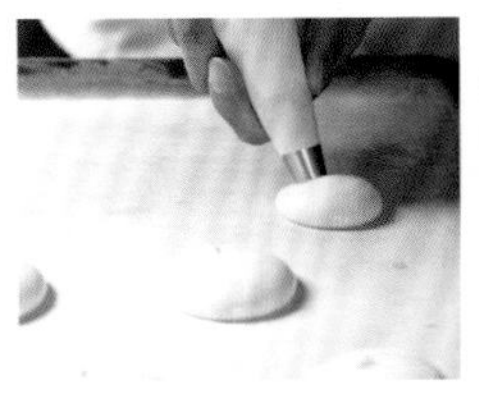

15. 将面糊装入裱花袋中，使用平口裱花嘴，挤出适量的大小。面糊在烘烤的过程中会膨胀，因此面糊间要都要保持适当的距离，避免烘烤后粘连。

16. 烤箱需预热约10分钟，以200/150℃烤约8分钟，再以150/150℃烤约8分钟，蛋糕底部均匀上色即可出炉。凉后，中间加入适量的红豆馅，再盖上另一片蛋糕夹起即可。

喝下午茶时随手一个，
总能让人口齿留香、回味再三。

奶酪芝心球

Cheese Ball

人气指数：★★★★★

材料

干酪600克（70%）| 细砂糖150克（17.2%）
玉米粉40克 | 蛋黄120克（13.7%）
高熔点奶酪丁适量

做法

1. 擦净搅拌盆里的油脂及水分。放入干酪。再倒入细砂糖。

2. 使用桨状拌打器以低速先打软后，取下桨状拌打器刮钢，将钢盆边缘的干酪糊刮下后，即可将桨状拌打器装回。加入可以增加口感的玉米粉。

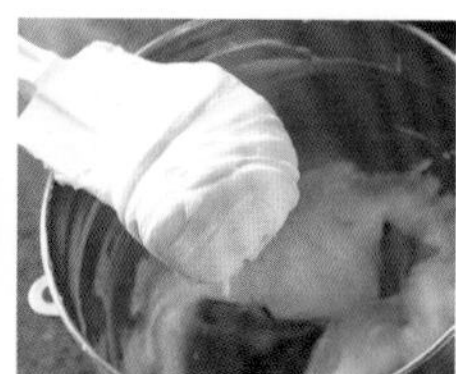

3. 打匀后，再次将搅拌盆边缘的干酪糊刮下。分次加入蛋黄，拌匀至奶酪表面光滑。

4. 将混合物装入裱花袋中。在半圆硅胶模上喷烤盘油，挤入奶酪馅约九分满。

5. 每个奶酪糊表面都放入一颗约1厘米见方的高熔点奶酪丁，放入已预热的烤箱中，并以200/200℃烤至金黄色即可出炉。

生乳卷

Milky Cream Roll

人气指数 ★★★★☆

材料

蛋糕

蛋黄335克（29.3%）| 蜂蜜*60克（5.2%）
砂糖ⓐ70克（6.1%）| 蛋清300克（26.1%）
柠檬汁3克（0.3%）| 砂糖ⓑ140克（12.2%）
低筋面粉90克（7.8%）| 奶粉15克（1.3%）
动物性鲜奶油75克（6.5%）| 奶油60克（5.2%）

生乳馅

动物性鲜奶油500克（92.9%）
砂糖30克（5.6%）| 君度橙酒8克（1.5%）

* 增加保湿度和蜂蜜香气

口感柔软又带有韧性，不甜不腻，一口下去，鲜奶油的香气瞬间在口腔中弥漫开来。

蛋糕体

做法

1. 擦净搅拌盆里的油脂还有水分，倒入蛋黄液。

2. 加入蜂蜜、砂糖ⓐ。

3. 快速打发至泛白后转至中速，打发至全发。（Tips）

4. 另取一个搅拌盆，擦干盆内油脂还有水分，倒入蛋清、柠檬汁。

5. 打发至发泡后，加入1/3的砂糖ⓑ，以快速打发至有纹路后，再分两次各加入1/3的砂糖ⓑ。

6. 打发至湿性发泡，提起时呈鸟嘴状。

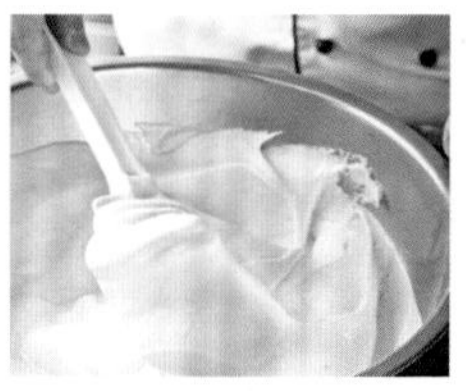

7. 将步骤2打发的蛋清，分两次加入步骤1中拌匀。

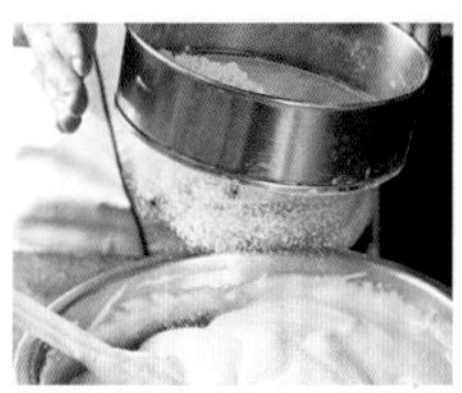

8. 以手拌方式，一边筛入低筋面粉、奶粉，一边搅拌。

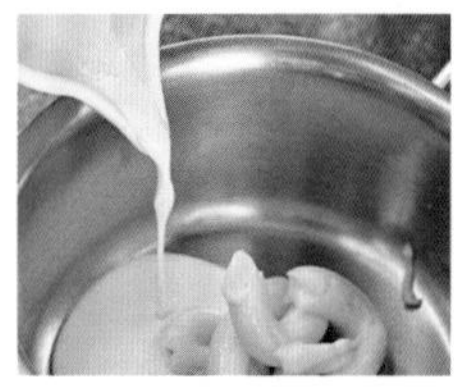

9. 将动物性鲜奶油与奶油加热，将部分面糊用打蛋器稍微拌匀，再倒回其余面糊中拌匀。

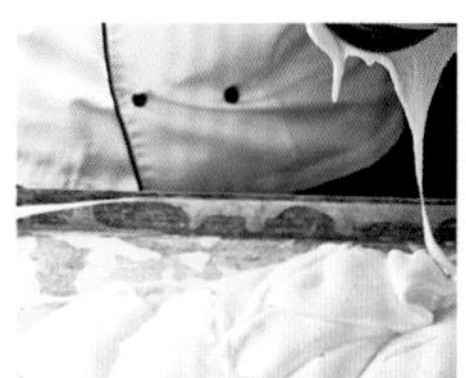

10. 将面糊倒入铺好烘焙纸的烤盘中。

11. 抹平，将空气振出。

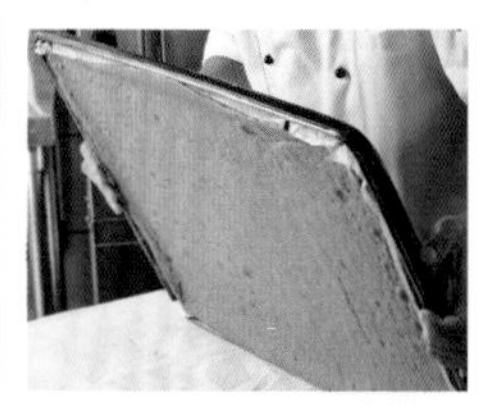

12. 以200/150℃烤约10分钟，再将烤盘调整方向，以150/150℃烤约5分钟即可取出。

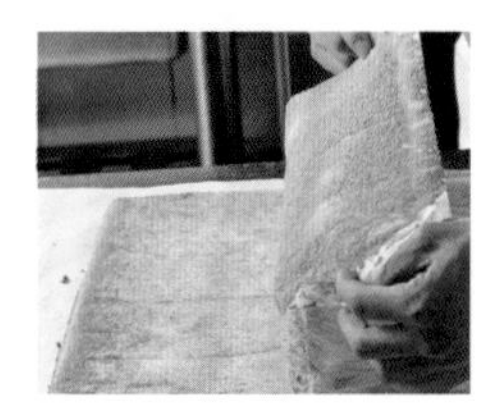

13. 桌面铺上烘焙纸，将烤好的蛋糕体倒扣，去除烘焙纸。

14. 将生乳馅均匀抹在蛋糕体上。

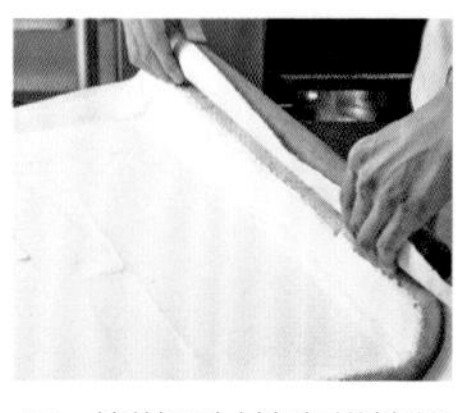

15. 将擀面杖放在烘焙纸下方、靠近自己的一侧。

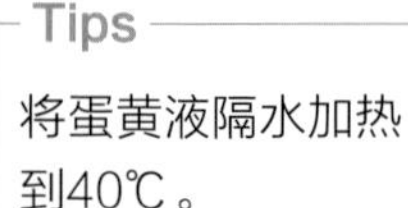

Tips

将蛋黄液隔水加热到40℃。

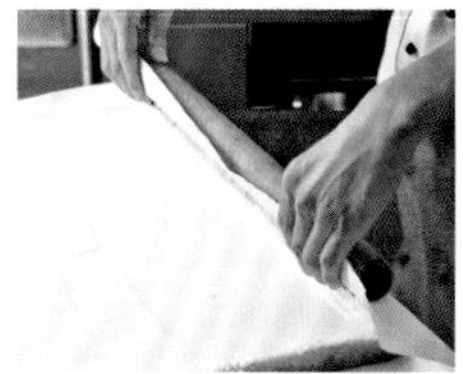
16. 保持擀面杖跟蛋糕边缘平行。先用一小段烘焙纸把擀面杖包起来并压紧。

17. 与蛋糕一侧一起上提并往前下压，第一折要记得下压，才不会出现空洞。

18. 保持擀面杖的重心，慢慢把擀面杖往前移动，同时要把擀面杖往自己的方向卷。

19. 慢慢卷起到最后。

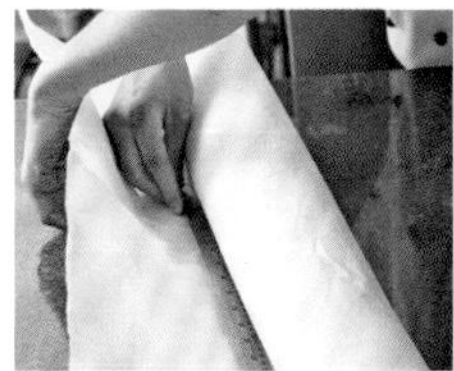
20. 等到完全卷完后，用铁尺放在擀面杖的位置固定，让蛋糕卷收口朝下静置。

21. 定形后即可取下烘焙纸，如此就能卷得紧实又漂亮。

生乳馅

做法

22. 擦净搅拌盆里的油脂还有水分，放入动物性鲜奶油、砂糖，以中速打发。

23. 加入可增加香气的君度橙酒，或是朗姆酒、白兰地亦可。搅拌均匀后，冷藏5分钟即可取出使用。（Tips）

Tips

生乳馅涂抹在蛋糕上时，要一边较厚一边较薄，从抹得较厚的那一边开始卷。

原味轻奶酪

Light Cheese Cake

 人气指数：★★★★☆

材料

鲜奶100克（6%）| 奶油奶酪350克（21%）
无盐黄油60克（3.6%）| 蛋黄266克（16%）
低筋面粉125克（7.5%）| 塔塔粉4克（0.2%）
泡打粉5克（0.3%）| 蛋清533克（32%）
细砂糖225克（13.4%）

* 加入塔塔粉有助于让蛋白泡更加细致、洁白

除了享受自己动手做的乐趣外，浓郁的口感也丰富了下午茶的情调。

做法

1. 搅拌盆里的油脂还有水分要先擦拭干净后，放入鲜奶、奶油奶酪、无盐黄油。

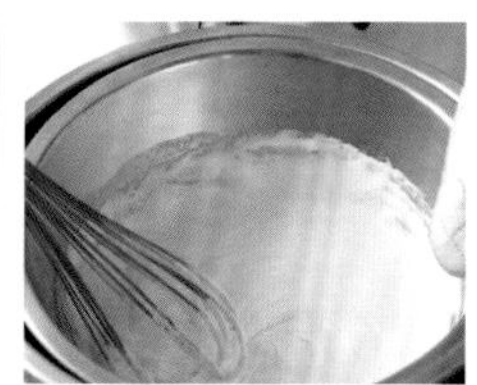

2. 一边隔水加热，一边搅拌。直到完全溶化、呈现滑顺感，完全没有颗粒状，即可将热水锅移除。

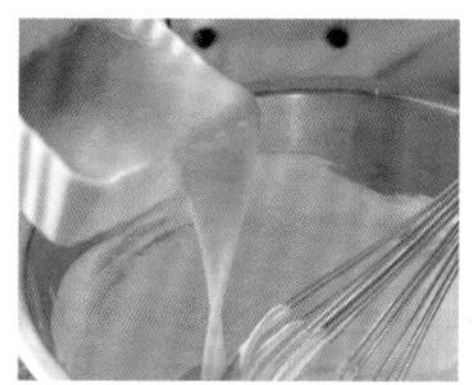

3. 加入蛋黄，再使用打蛋器拌匀。

4. 筛入低筋面粉、塔塔粉、泡打粉。

5. 搅拌拌匀。

6. 取另外一个搅拌盆，加入蛋清与1/2细砂糖。

7. 打发至泛白，再加入剩余1/2细砂糖，以中速打发至湿性发泡。

8. 将打发的蛋清倒入奶酪面糊中。

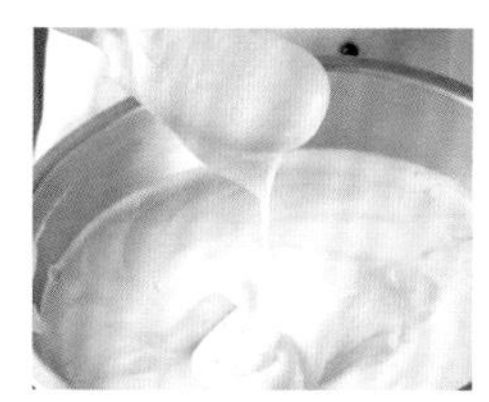

9. 再轻轻拌匀。

10. 6英寸蛋糕模具内喷入少许油。

11. 倒入面糊，约七分满（约250克）。

12. 抹平。

13. 在烤盘中倒入约0.5厘米高的水。将蛋糕模隔水放入已预热的烤箱中，并以200/140℃烤约15分钟，表面微微上色后，再将温度调至150/140℃烤约30分钟即可出炉。

海绵蛋糕

Sponge Cake

人气指数：★★★★

全蛋618克（35.7%） 蛋黄150克（8.7%）
细砂糖375克（21.7%） 香草精9克（0.5%）
低筋面粉411克（23.9%） 无盐黄油123克（7.1%）
牛奶42克（2.4%）

口感细密扎实，搭配一杯咖啡，饱足了想浅尝甜食的心！

做法

1. 将全蛋、蛋黄、细砂糖放入搅拌盆中。

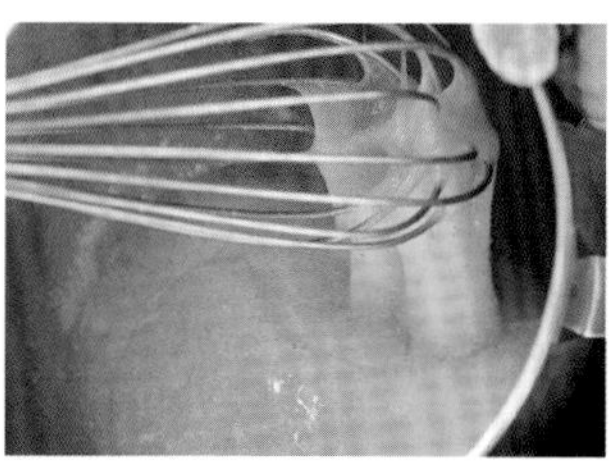

2. 隔温水加热搅拌至起泡。

3. 加入香草精。

4. 快速打发至发白并呈湿性发泡状。

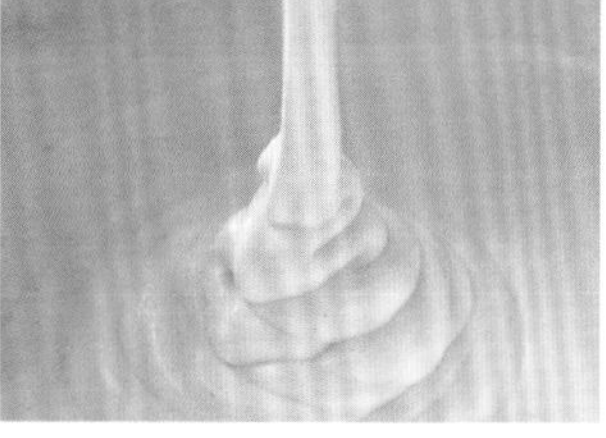

5. 泛白后转至中速，打发至全发状态（提起搅拌头时面糊不会往下掉）。

6. 筛入低筋面粉。

7. 锅中放入无盐黄油、牛奶。加热至化开。

8. 先取部分面糊以手拌方式拌匀。

9. 倒回其余面糊中，分装至事先抹好油的8英寸蛋糕模中。

10. 重量为550克，并把表面稍微刮平。放入已预热的烤箱，以190/170℃烤约15分钟，再把烤模掉头，以170/170℃烤约20分钟，以手按压会回弹时即可倒扣于炉架上。（Tips）

Tips

将蛋液隔温水（35~40℃的温水）打发，可加快打发速度，冬天时尤其适用。

大理石奶酪蛋糕

Marble Cheese Cake

（6英寸模 · 3个）

人气指数：★★★★☆

材料

消化饼干180克（16.1%）｜糖粉30克（2.7%）
无盐化黄油130克（11.7%）｜奶油奶酪428克（38.5%）
细砂糖120克（10.8%）｜鸡蛋225克（20.2%）
巧克力酱适量

只要轻尝一口这冰凉绵密，就很难拒绝这种美味。

做法

1. 6英寸模具内铺好烤盘纸备用。

2. 将消化饼干放入搅拌盆中。

3. 全部压碎后加入糖粉。

4. 加入无盐化黄油。

5. 用桨状拌打器以慢速阶段性（可避免喷溅）打匀。

6. 倒入铺好烤盘纸的6英寸模具中，称重（约100克）。

7. 压实。

8. 搅拌盆清理干净后，再放入常温奶油奶酪、细砂糖，开慢速搅拌，直到整体呈现滑顺感。

9. 分次加入常温鸡蛋。

10. 拌匀。

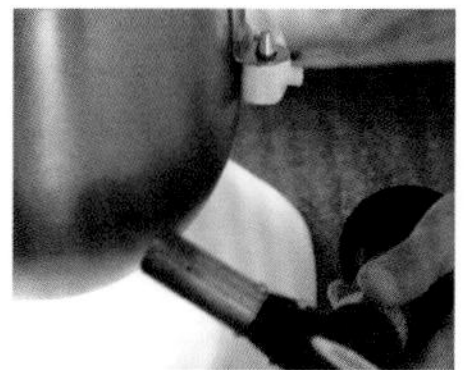

11. 搅拌时，分阶段慢打，可避免机器损伤。搅打时，可用火在钢碗外加温，帮助溶化。配合分次刮容器内壁，即可打出绵密口感。

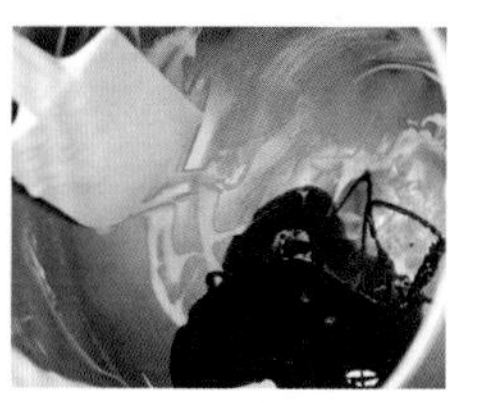

12. 将640克面糊倒入装有饼干底模具中。

13. 以巧克力酱画圈。

14. 完整画完后以牙签画出大理石纹路。（Tips）

15. 烤盘（建议使用深烤盘）中倒入约1.5厘米高的水，隔水以150/150℃烤约20分钟，再将烤盘反转方向，以150/150℃续烤约15分钟即可。

Tips

由于巧克力酱和面糊的密度不同，如果直接加入巧克力酱，蛋糕会裂开。因此先将残留在钢碗的一点点面糊混入巧克力酱中，再进行画圈。

手指蛋糕
Lady Finger Cake

 人气指数：★★★★★

手指蛋糕制作以蛋白为主要原料，制作过程中的前四个步骤与提拉米苏相同，但呈现方式不同。

材料

蛋黄（常温）80克（18.7%） 细砂糖ⓐ55克（12.9%） 蛋清（常温）120克（28.1%） 塔塔粉2克（0.5%） 细砂糖ⓑ70克（16.4%） 低筋面粉100克（23.4%）

初秋的午后搭配一杯水果茶入口滋味如梦似幻。

做法

1. 将搅拌盆里的油脂还有水分擦拭干净后，先放入蛋黄，再加入细砂糖ⓐ。

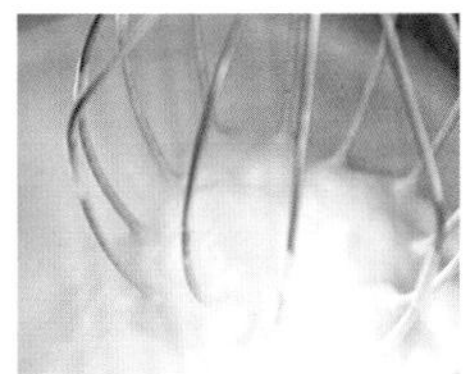

2. 先以慢速稍微拌打，再以快速打发后调成慢速，这时大泡会转小，整体泛白、变稠后转至中速，打发至全发。

3. 将蛋清、塔塔粉、1/3的细砂糖ⓑ以快速打发至有纹路、有光泽。

4. 分两次加入各1/3的砂糖ⓑ。打发至硬性发泡，呈坚挺状。(Tips1)

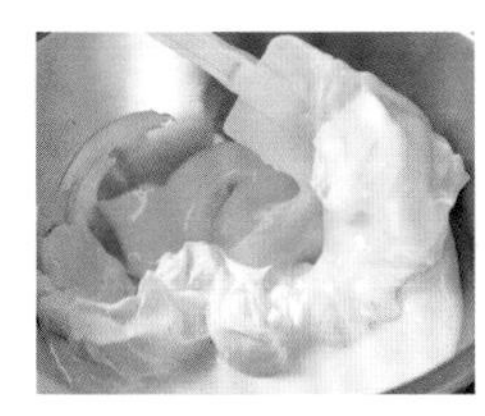

5. 利用刮板，将步骤2的混合物分三次加入步骤4的混合物中。

6. 用切的方式拌匀。

7. 筛入低筋面粉。

8. 轻拌均匀后，装入裱花袋中。使用平口花嘴挤出约9厘米长的面糊。(Tips2)

9. 表面分两次撒上糖粉。放入已预热的烤箱中，以200/180℃烤约10分钟，再把烤盘调整方向，以180/180℃烤约4分钟，烤至表面上色即可。

Tips

1 蛋清要先打到发泡后再加糖，就能避免沉底或是打不均匀的情况发生。另外，加糖时要避免一次加入，否则做出来的成品，口感会变得很粗糙，加糖时，最好分两次或三次加入，且打发蛋清的过程，尽可能不中断。

2 糖粉在第一次撒完后，须等到吸收进面糊后，再撒第二次。

烘焙小秘诀

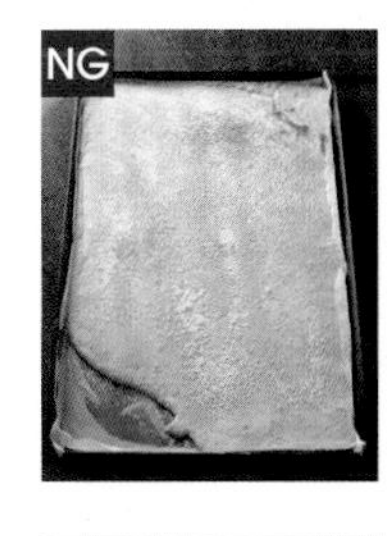

如果蛋清打发程度不够就放入裱花袋中挤制，烘烤出来的成品就会不成形且变成如图所示的片状。

挤制时没有保持好适当间隔，烤出来的手指蛋糕就会全部连在一起。

英式柠檬蛋糕

English Lemon Cake

人气指数：★★★★★

材料

蛋糕面糊

全蛋300克（21.6%）｜细砂糖350克（25.2%）

盐2克（0.1%）｜柠檬皮10克（0.7%）

低筋面粉270克（19.6%）｜泡打粉5克（0.4%）

动物性鲜奶油150克（10.8%）

无盐黄油300克（21.6%）

柠檬糖水

柠檬汁50克（33.3%）｜糖粉100克（66.7%）

装饰水果适量

柠檬香气让蛋糕入口时多了一份清香！

做法

1. 将搅拌盆里的油脂及水分要先擦拭干净后，依序放入全蛋，再倒入细砂糖、盐。

2. 加入柠檬皮。

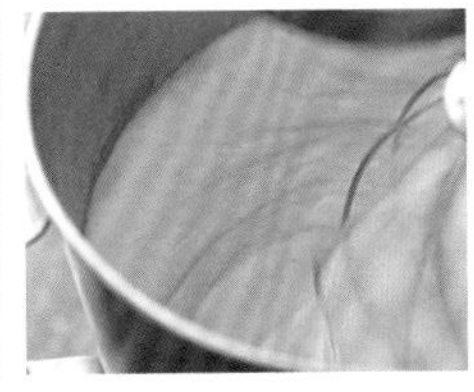
3. 以快速打发。

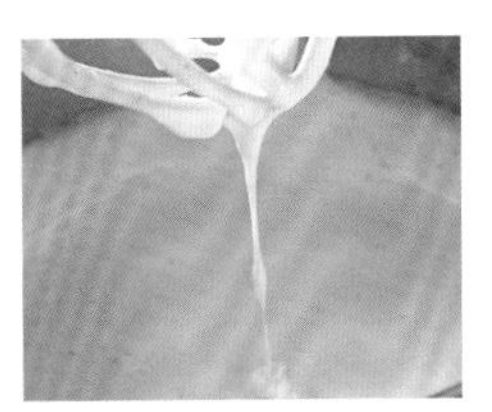
4. 泛白后转至中速，打发至全发。

5. 筛入低筋面粉、泡打粉，并且以慢速拌匀。

6. 加入动物性鲜奶油，以慢速拌匀。(Tips1)

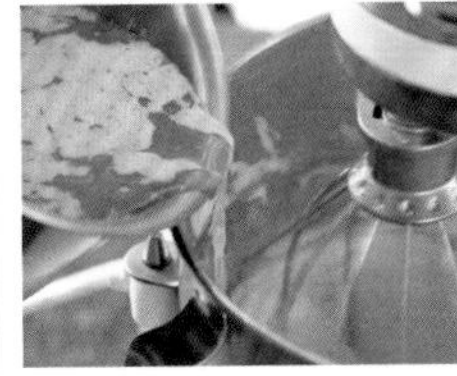
7. 从钢盆边慢慢地加入已经煮热的无盐黄油(65~70℃，呈冒泡状即可)。

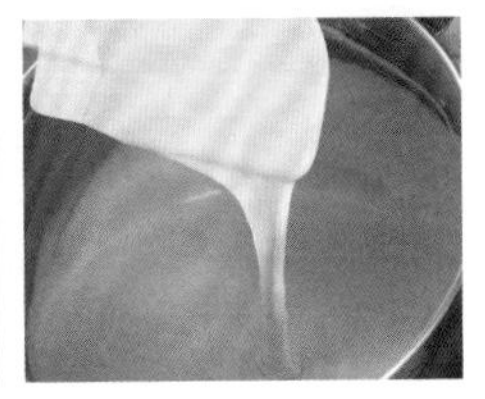
8. 以慢速拌匀。

9. 用保鲜膜盖住后冷藏，松弛2小时。

10. 蛋糕模中放入烘焙纸。

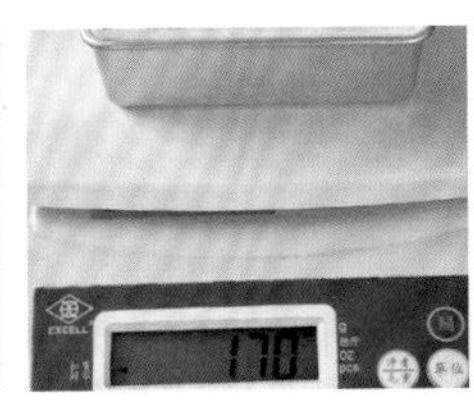

11. 将面糊分装至蛋糕模中，约170克。

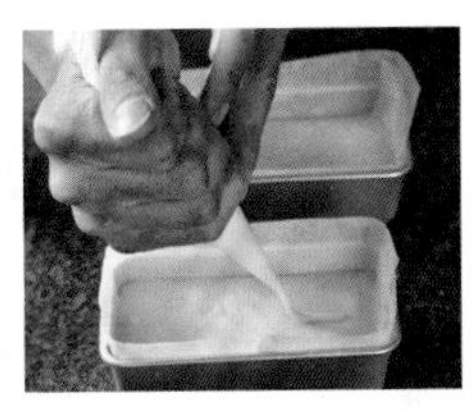
12. 中间挤一条动物性鲜奶油(受热后会裂开)。放入已预热的烤箱中，以200/180℃烤约15分钟，再把烤模调整方向，以180/180℃烤约20分钟，用手摸会回弹即可取出，刷上刷液，放上装饰水果即可。(Tips2)

13. 将柠檬汁、糖粉煮热拌匀。待蛋糕出炉后，刷于蛋糕表面即可。刷液要趁蛋糕刚出炉热腾腾的状态时刷上，才能吸收进去。

Tips

1 使用动物性鲜奶油，可以把风味完全提升，并增加滑润口感。

2 磅蛋糕类的粉含量较高，需通过冷藏松弛、延展筋性，否则烘烤时会容易回缩。

法式柑橘巧克力蛋糕

Frech Entremet Chocolate Cake

 人气指数：★★★★★

用香浓的巧克力&柑橘做蛋糕，一次品尝到最完美的甜点结合。

材料

全蛋240克（21.1%）｜细砂糖250克（22%）｜柠檬皮12克（1.1%）｜盐1克（0.1%）
转化糖浆*25克（2.2%）｜可可粉59克（5.2%）｜低筋面粉166克（14.5%）
泡打粉5克（0.4%）｜动物性鲜奶油100克（8.7%）｜无盐黄油210克（18.5%）
君度橙酒10克（0.9%）｜蜜渍橘皮（可用切细的蜜饯取代）60克（5.3%）

*代替砂糖，可降低甜度

做法

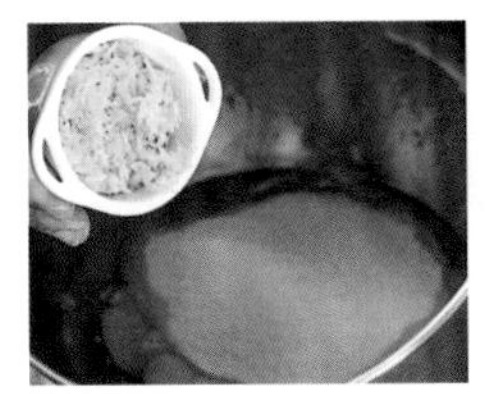

1. 搅拌盆中放入全蛋、细砂糖，再依序加入柠檬皮。

2. 倒入盐、转化糖浆，以快速打发，泛白后转至中速，打发至全发。

3. 一边筛入可可粉、低筋面粉、泡打粉，一边以慢速拌匀。

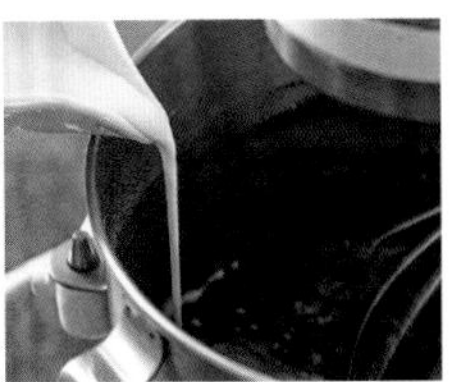

4. 再加入动物性鲜奶油，以慢速拌匀。

5. 从钢盆边缘，加入化开的无盐黄油，以慢速拌匀。

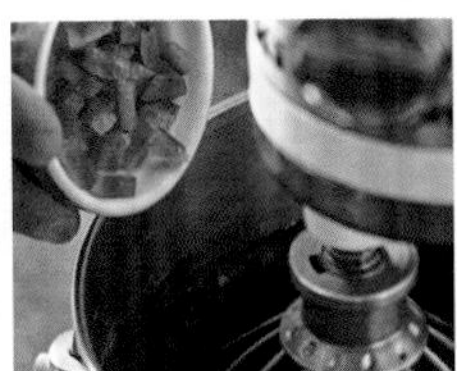

6. 加入蜜渍橘皮。

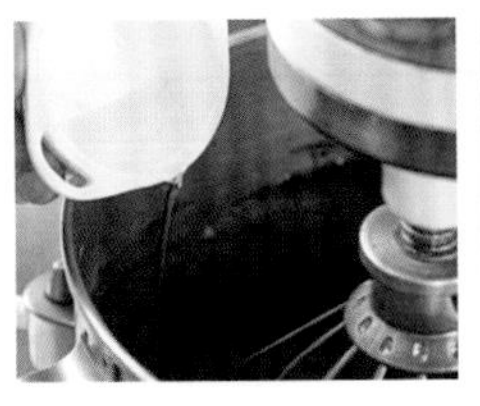

7. 加入君度橙酒拌匀。

8. 将面糊置于冰箱冷藏，松弛约2小时。

9. 分装至蛋糕模中，约170克。

10. 稍微敲出空气，在中间挤一条动物性鲜奶油。放入已预热的烤箱中，以200/180℃烤约15分钟，再调整烤盘方向，以180/180℃烤约20分钟。以手摸会回弹即可取出，最后放上蜜渍橘皮装饰。

裱花袋的使用方法

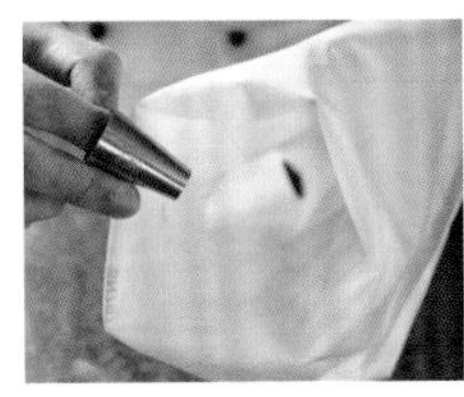

1. 将裱花袋反折，将金属裱花嘴套在裱花袋端部。

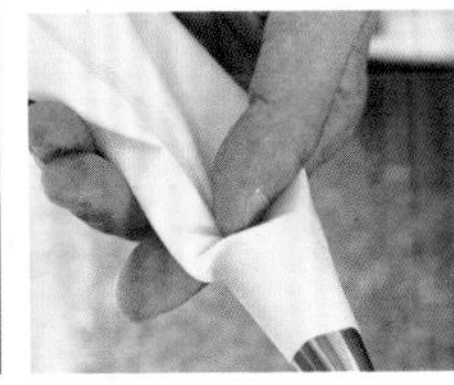

2. 把裱花嘴推至切口处。

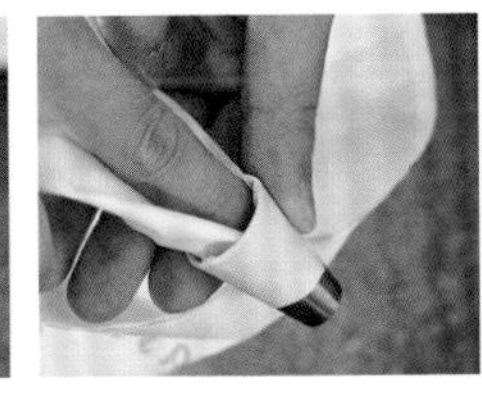

3. 用力往前塞，扭转的部分也用力推进裱花嘴洞内。

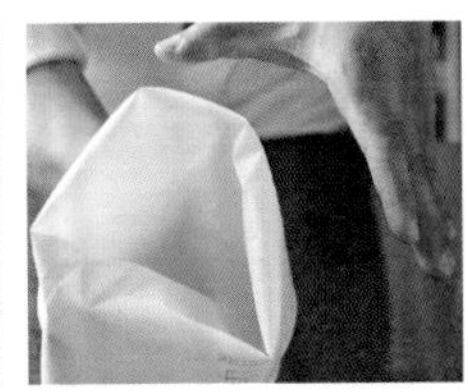

4. 将手打开，用虎口的弧度，握好裱花袋，即可把馅料填入。

水果蛋糕
Fruit Cake

 人气指数：★★★★½

使用模具：蛋糕模长 13 厘米 × 宽 7 厘米。

材料

生核桃仁180克（8.8%）| 蔓越莓干180克（8.8%）
葡萄干180克（8.8%）| 黑朗姆酒135克（6.6%）
无盐黄油（常温）337克（16.6%）
细砂糖243克（11.9%）| 盐7克（0.3%）
鸡蛋270克（13.2%）| 蜂蜜54克（2.6%）
转化糖浆47克（2.3%）| 低筋面粉405克（19.8%）| 苏打粉7克（0.3%）

装饰

纯糖粉240克 | 新鲜柠檬汁60克 | 百里香1支

做法

1. 将生核桃仁、蔓越莓干、葡萄干一起放入锅中，倒入黑朗姆酒浸泡，浸泡10~15分钟，盛出沥干备用。

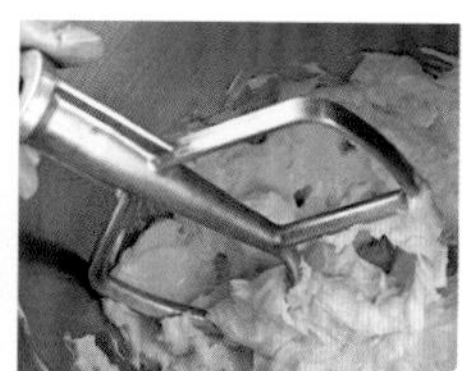

2. 擦干搅拌盆里的油脂还有水分，使用桨状拌打器以低速先将无盐黄油拌软。

3. 取下桨状拌打器刮钢，将钢盆边缘的黄油刮下后，即可将桨状拌打器装回。再倒入细砂糖、盐打发至泛白。（Tips1）

4. 在另一个搅拌盆中放入鸡蛋后，倒入蜂蜜。

5. 倒入转化糖浆。

6. 完全拌匀后，隔水加热至40℃。

7. 将步骤6的混合物分次加入步骤3的混合物中拌匀。（Tips2）

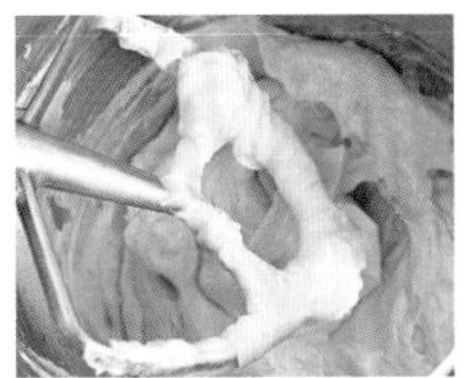

8. 直到整体呈现光滑、无颗粒状即可。

9. 将低筋面粉与苏打粉过筛加入打匀。

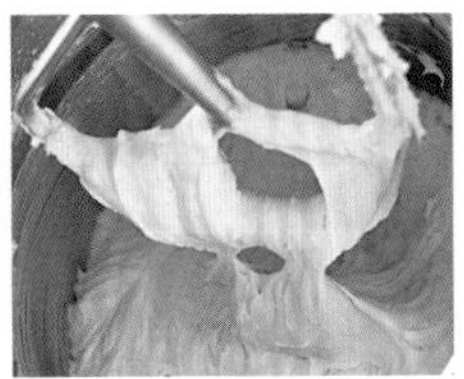

10. 过程中分次刮侧壁，打发至均匀。（Tips3）

11. 将干果类全部加入拌匀即可。

12. 将裱花袋反折，金属裱花嘴塞进裱花袋里。

13. 把裱花嘴推至切口处，将手打开，用虎口的弧度，握好裱花袋。

14. 填入馅料。

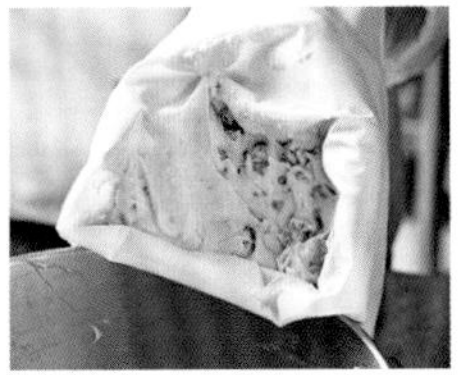

15. 将馅料填充至七分满。

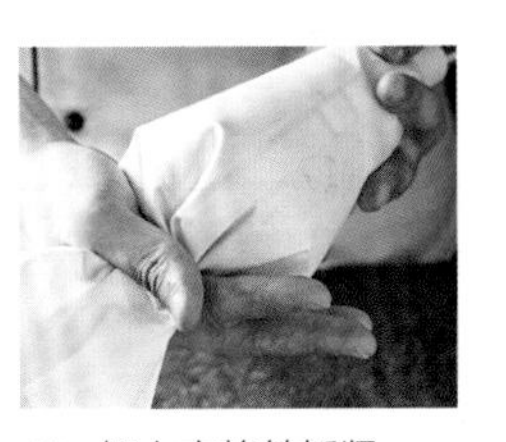

16. 把上方旋转抓紧。

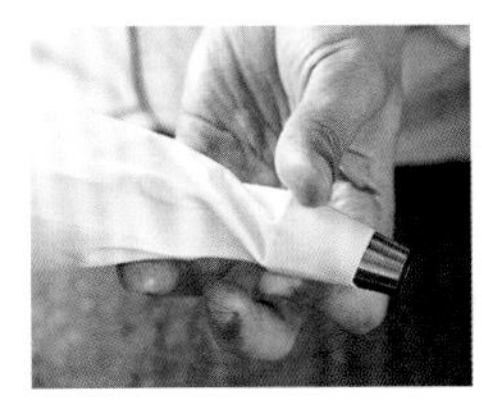

17. 将裱花袋口松开。

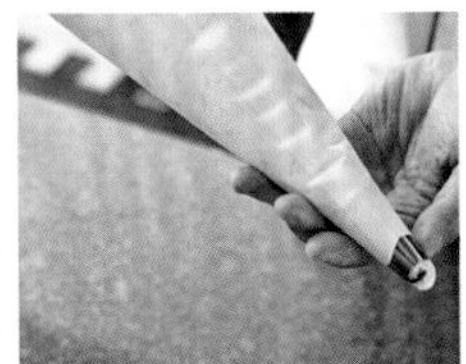

18. 从上往下挤入面糊。

19. 先挤掉前面有空气的面糊。小长条模铺上烤盘纸，将面糊挤入。

20. 每条约重200克。放入已预热的烤箱中，以200/150℃烤15分钟，再将温度调至150/200℃烤15~20分钟即可出炉。脱模，撕掉烤盘纸，待冷却后可在表面淋上以纯糖粉和新鲜柠檬汁拌匀的柠檬糖霜淋上做装饰，用百里香装饰即可。

Tips

1 一定要使用常温黄油，否则会产生颗粒。
2 一开始先用慢速，加入蛋液后再转中速。
3 面粉只要打发至整体均匀即可，打太久反而会出筋，因此要分段慢慢打。

多层次的口感，与不加糖的冰绿茶很搭

巧克力戚风蛋糕卷

Chocolate Chiffon Roll

 人气指数：★★★★☆

材料

蛋清500克（34.6%）| 塔塔粉4克（0.3%）
细砂糖ⓐ215克（14.8%）| 水188克（13%）
细砂糖ⓑ66克（4.6%）| 可可粉42克（2.9%）
色拉油94克（6.5%）| 低筋面粉188克（13%）
蛋黄150克（10.3%）

内馅

植物性鲜奶油500克

做法

1. 锅中放入色拉油。

2. 加入煮沸的水及可可粉搅拌一下。（Tips1）

3. 加入蛋黄，以及细砂糖ⓑ，以打蛋器拌匀。再一边筛入低筋面粉，由内而外拌匀。

4. 将蛋清、塔塔粉、1/3的细砂糖ⓐ以快速打发至有纹路后，再分两次加入各1/3的砂糖拌匀，打发至湿性发泡、有光泽，拉起时呈鸟嘴状。（Tips2）

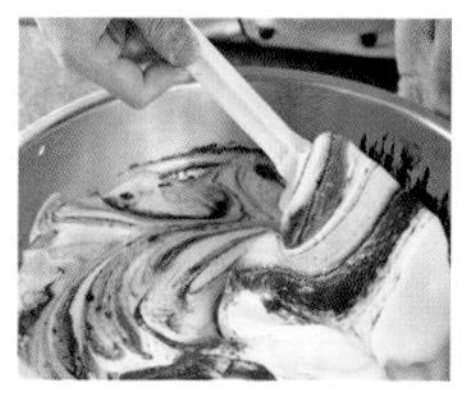

5. 以手拌方式，将步骤3的混合物分两次加到步骤4的混合物中，搅拌均匀。

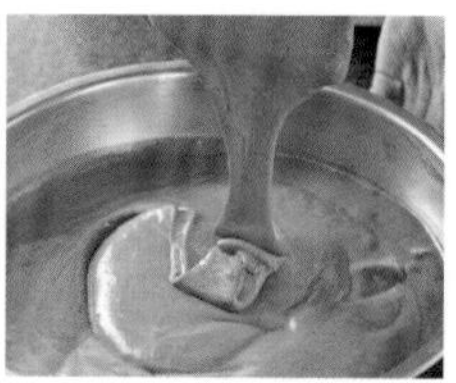

6. 搅拌时不要过于用力，以免造成消泡，搅拌到面糊滑顺即可。

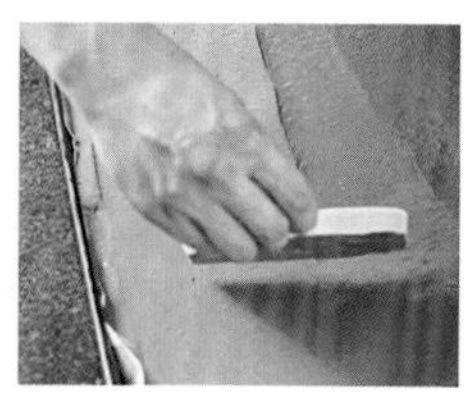

7. 将面糊倒入已经铺上烘焙纸的烤盘上，均匀抹平。

8. 轻轻震动将把空气震出。放入已预热的烤箱中，以200/140℃烤约10分钟，再把烤盘翻转方向，以150/140℃烤约13分钟。

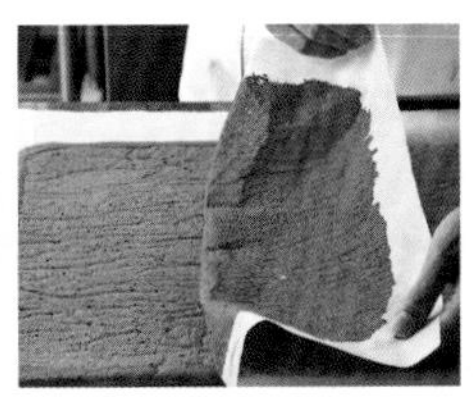

9. 以指腹轻轻按压蛋糕表面会回弹，且烘焙纸的四角略缩时，即可出炉。将蛋糕倒扣，撕除烘焙纸。

10. 在植物性鲜奶油中加细砂糖。

11. 隔冰块水打发后，打发至硬性发泡。

12. 均匀抹在蛋糕上。

13. 将擀面杖放在烘焙纸下方，靠近身体的一侧，保持擀面杖跟蛋糕边缘平行。

14. 先用一小段烘焙纸把擀面杖包起来并压紧。

15. 再将蛋糕一起上提并向前下方压，第一折要记得下压，才不会出现空洞。

16. 保持擀面杖的重心，慢慢把擀面杖压着蛋糕往前移动。

17. 擀的同时要把擀面杖往后卷。

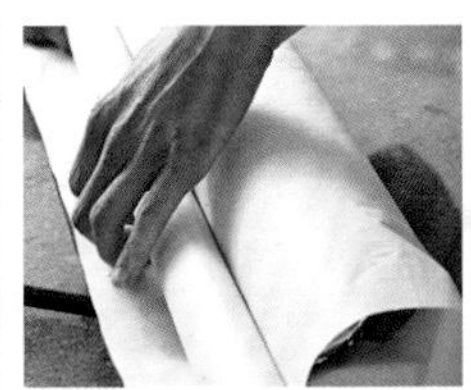

18. 慢慢卷起到最后。

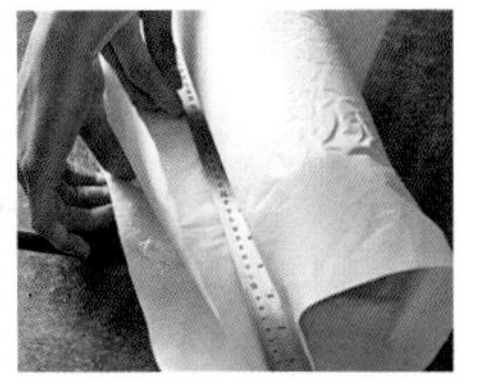

19. 等到完全卷完后，用铁尺放在擀面杖的位置固定，让蛋糕卷收口朝下静置，等待定形后即可取下烘焙纸。

Tips

1 利用煮沸的水，能让可可的香气释出。若室温太高时，面粉容易出筋，加入常温的蛋黄有助于略微降温。

2 巧克力面糊等前置作业完成后，再开始打发蛋清，以免时间拖延太久，导致消泡。

古典巧克力
Classical Chocolate Cake

人气指数：★★★★★

材料

蛋糕体

黄油256克（11.4%）｜动物性鲜奶油256克（11.4%）
可可含量为64%的调温黑巧克力322克（14.3%）
细砂糖ⓑ257克（11.4%）｜蛋黄258克（11.5%）
细砂糖ⓐ172克（7.7%）｜低筋面粉75克（3.3%）
可可粉160克（7.1%）｜君度橙酒43克（1.9%）
蛋清450克（20%）

装饰

动物性鲜奶油500克（94.3%）｜细砂糖30克（5.9%）
防潮可可粉适量

一入口就能感受到醇厚滋味，
仿佛置身在巧克力的世界中！

做法

1. 锅中放入黄油、动物性鲜奶油以中火煮沸。

2. 冲入黑巧克力中。

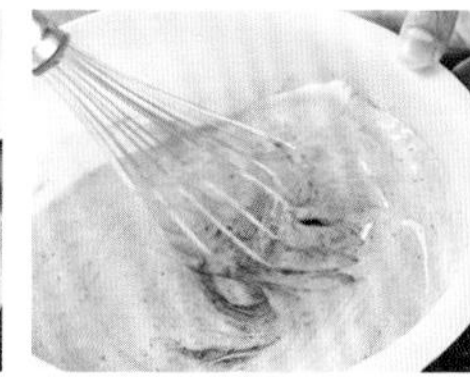

3. 用打蛋器搅拌均匀。

4. 搅拌盆里的油脂还有水分擦拭干净后，放入蛋黄、细砂糖ⓐ以快速打发，泛白后转至中速，打发至全发。

5. 将步骤3的混合物加入步骤4的钢盆中。

6. 拌匀。倒入时尽量匀速倒入，面糊才会均匀。

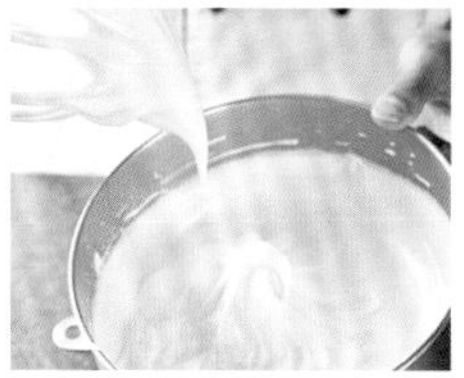

7. 另一个钢盆放入蛋白及1/3的细砂糖ⓑ先搅打，过程中剩下的细砂糖再分两次加入，直到打发至湿性发泡，拉起时呈六分发的鸟嘴状。（Tips）

8. 将步骤6的混合物倒入步骤7的混合物中，再轻轻拌匀。

9. 再以手拌方式，一边筛入低筋面粉、可可粉，一边搅拌均匀。

10. 以手拌方式加入君度橙酒。拌匀后，倒入已铺好烤纸的烤模中。

11. 表面抹平，再振出空气。

12. 在烤盘中倒入约0.5厘米高的水，再放上烤模。移入已预热好的烤箱中，以200/150℃烤约15分钟，再将烤盘掉头，继续以150/150℃烤约30分钟。取出后，切成小块，再挤上动物性鲜奶油装饰，撒上细砂糖及防潮可可粉作装饰即可。

Tips

打发的程度与原味轻奶酪、草莓天使蛋糕等相同。

每一口都有浓得化不开的可可香甜，也多了一份征服味蕾的理由。

日式巧克力戚风蛋糕
Japanese-style Chocolate Chiffon Cake

人气指数：★★★★★

材料

水150克（9.3%）｜黄油88克（5.5%）
色拉油90克（5.6%）｜软质巧克力40克（2.5%）
可可粉60克（3.6%）｜蛋黄200克（12.5%）
鸡蛋*50克（3.1%）｜低筋面粉175克（10.9%）
蛋清500克（31.1%）｜塔塔粉4克（0.3%）
细砂糖250克（15.6%）｜装饰糖粉适量

* 让蛋糕的质地更松软

做法

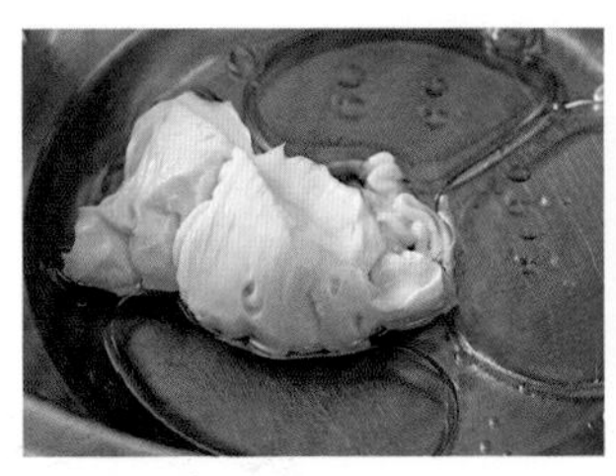
1. 锅中放入水、黄油、色拉油，以中小火煮至70℃。

2. 边煮边搅拌。

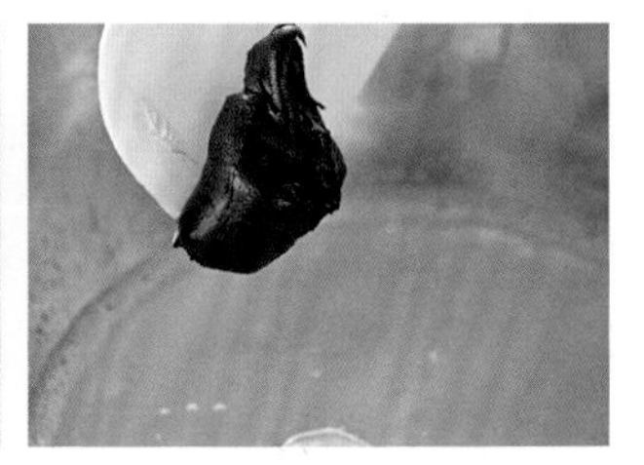
3. 加入软质巧克力，用打蛋器完全拌匀。

4. 再加入可可粉拌匀。

5. 加入蛋黄及鸡蛋拌匀。

6. 筛入低筋面粉，拌匀后即完成巧克力面糊。

7. 将搅拌盆里的油脂还有水分擦拭干净后，放入蛋清、塔塔粉与1/2细砂糖以快速打发至泛白后，将剩余1/2细砂糖加入，以中速打发至硬性发泡。

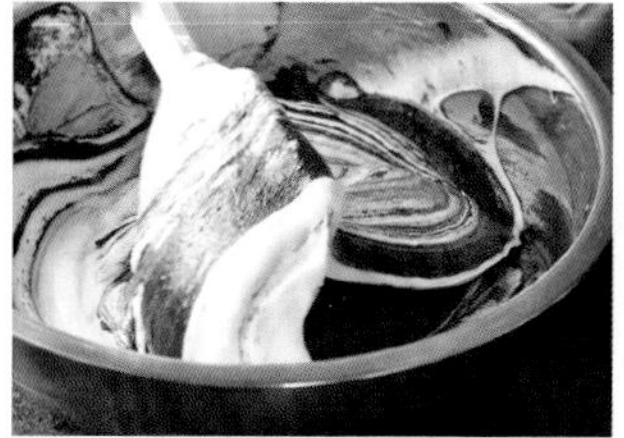

8. 将打发的蛋清与巧克力面糊拌匀。

9. 放入裱花袋中。

10. 将面糊依序均匀挤入8英寸蛋糕模中，大约七分满。

11. 再一一敲出空气。

12. 放入已预热的烤箱中，以200/150℃烤至10分钟后，将温度调至150/150℃烤15～20分钟。

13. 出炉后倒扣在出炉架上放凉。

14. 将蛋糕从模子中取出时，先把蛋糕外缘往内压，倒扣后压住底部，将外层模具脱出。

15. 从边缘慢慢施压。

16. 使内层模具顺利脱膜。

17. 最后撒上糖粉做装饰即可。

波士顿派

Boston Pie

指数：★★★★★

材料

鲜奶170克（8.3%）| 无盐黄油200克（9.7%）
低筋面粉265克（12.9%）| 泡打粉5克（0.2%）
蛋黄400克（19.5%）| 鸡蛋75克（3.7%）
蛋清600克（29.2%）| 塔塔粉6克（0.3%）
细砂糖333克（16.2%）

内馅

动物性鲜奶油500克（94.3%）| 细砂糖30克（5.9%）

装饰

防潮糖粉适量

绵密细致的口感，慢慢地扩散开来，
搭配一杯热腾腾的咖啡，
是初冬暖阳下的最大享受。

做法

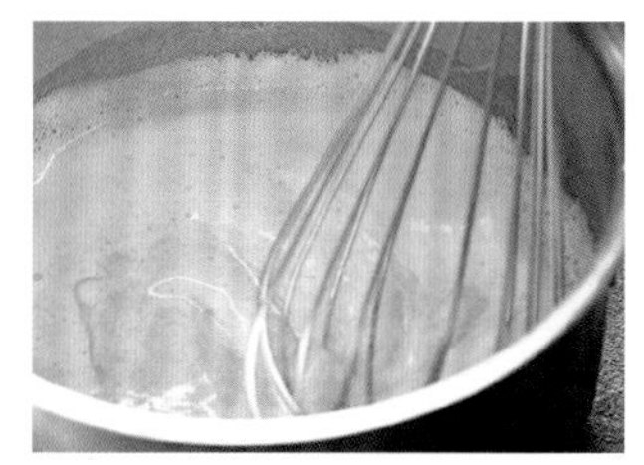

1. 锅中放入鲜奶、无盐黄油，以中、小火煮热到大约50℃。

2. 低筋面粉与泡打粉过筛加入，并用打蛋器充分拌匀。

3. 蛋黄与鸡蛋依序加入拌匀，即完成面糊的制作。（Tips）

4. 将搅拌盆里的油脂还有水分擦拭干净后，放入蛋清，再加入塔塔粉。

5. 加入1/2的细砂糖，快速打发至泛白后，将剩下的1/2细砂糖加入。

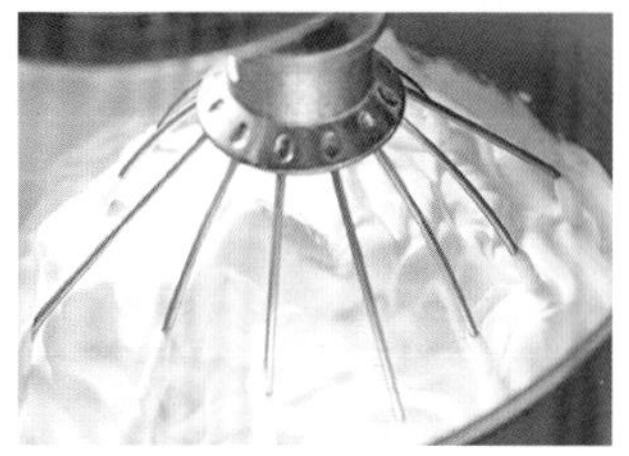

6. 用中速进行打发。

7. 打发至硬性发泡。

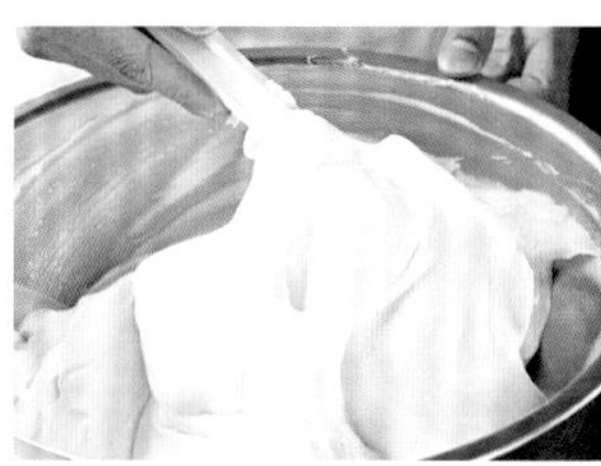

8. 将蛋白加入面糊中搅拌。

9. 拌匀后，倒入派模中，将面糊整形呈圆锥状。依需求决定即可，本书使用的7英寸派模，建议重量250克。

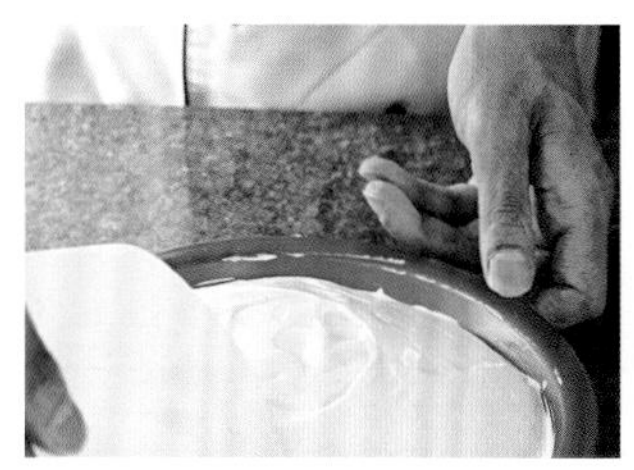

10. 用抹刀抹平表面。

11. 以190/160℃烤至15分钟后，将温度调至170/150℃续烤约15分钟。出炉后倒扣在倒扣叉上待凉，再将蛋糕取出，从蛋糕中间横切一刀。将鲜奶油与砂糖打发至变硬实后，抹在蛋糕上，再盖上另一片蛋糕，最后于表面撒上防潮糖粉即完成。

Tips

用手打的方式才不会使面糊出现筋性，要减少搅拌时间。

葡萄酸甜适口的浓郁果香，带出诱人的精致口感，让人完全停不了口。

葡萄干瑞士卷

Swiss Raisin Roll

 人气指数：★★★★☆

材料

蛋糕体

葡萄干适量｜色拉油93克（6.8%）
橘子水112克（8.2%）｜细砂糖ⓑ65克（4.7%）
低筋面粉234克（17.1%）｜蛋黄150克（11%）
蛋清500克（36.5%）｜细砂糖ⓐ215克（15.7%）

内馅鲜奶油

* 材料中另外加入塔塔粉，可以让蛋白质地变得较细，但是不加亦可。

做法

1. 葡萄干先泡入水里软化。

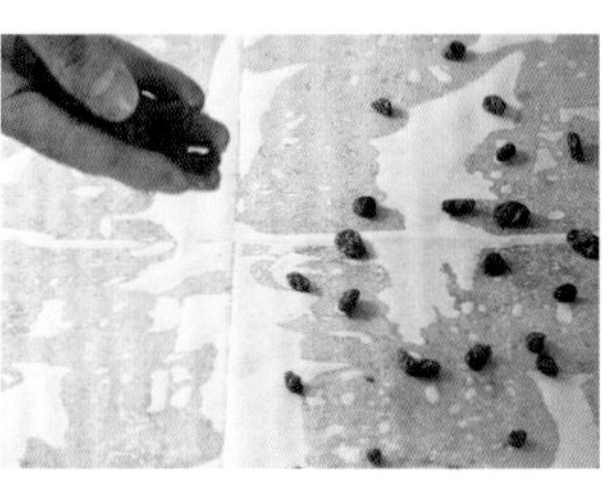

2. 烤盘铺上烤盘纸，将葡萄干取出后挤干水分，撒在烤盘上备用。

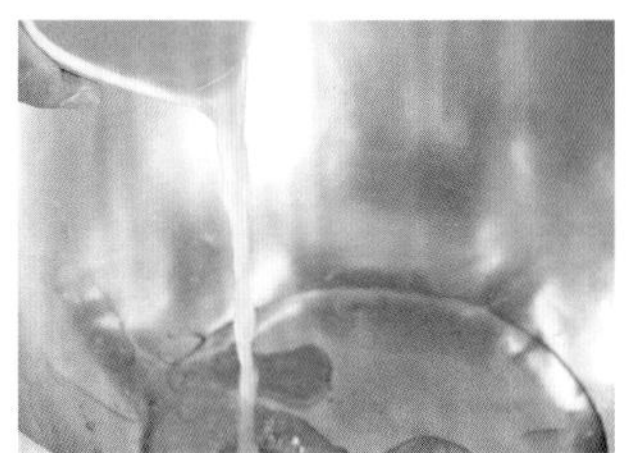

3. 搅拌盆中放入色拉油，倒入橘子水。

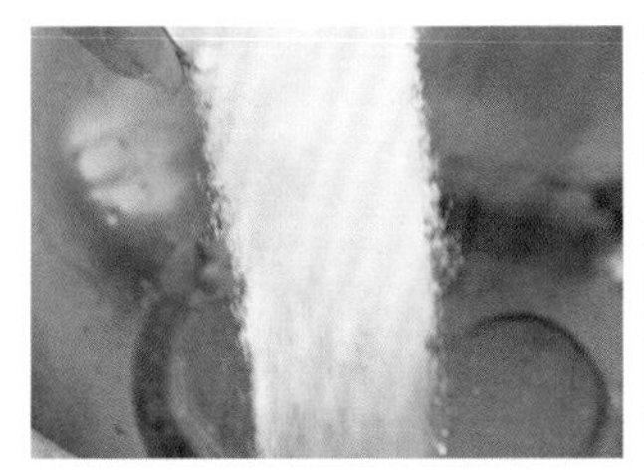

4. 加入细砂糖ⓑ混合均匀。

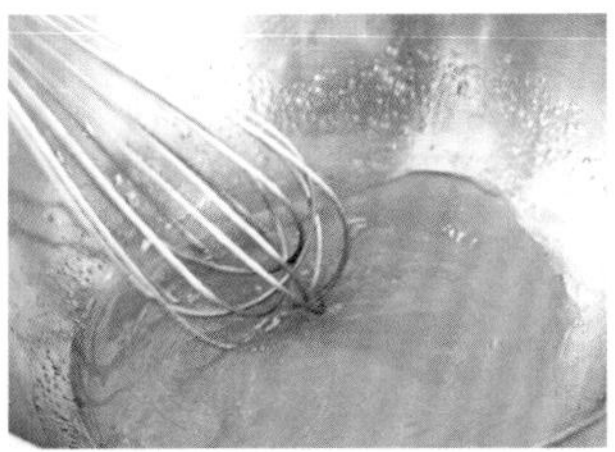

5. 低筋面粉过筛后加入拌匀。

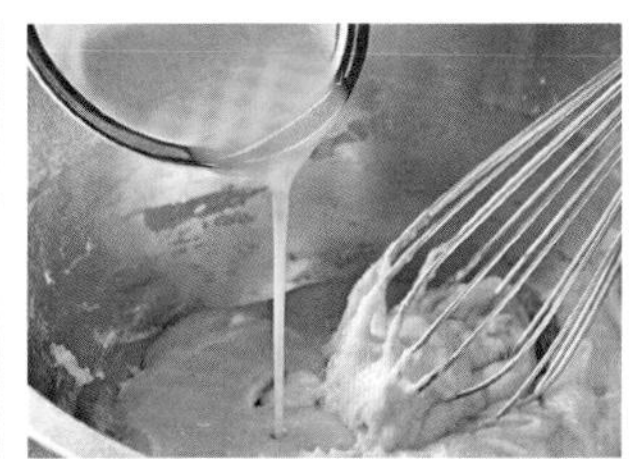

6. 加入蛋黄液。

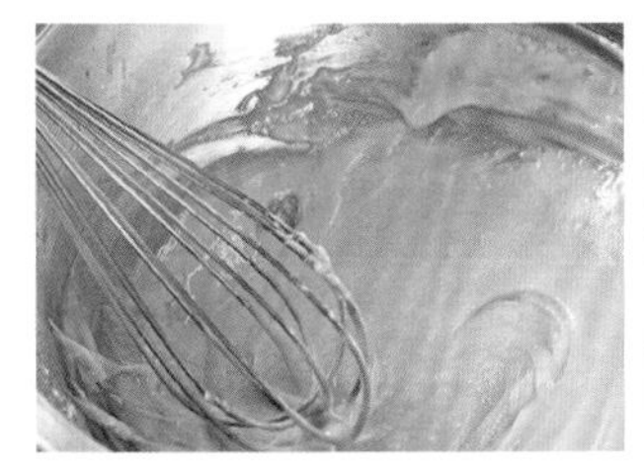

7. 搅拌均匀，即完成面糊。

8. 擦净搅拌盆里的油脂还有水分拭干。

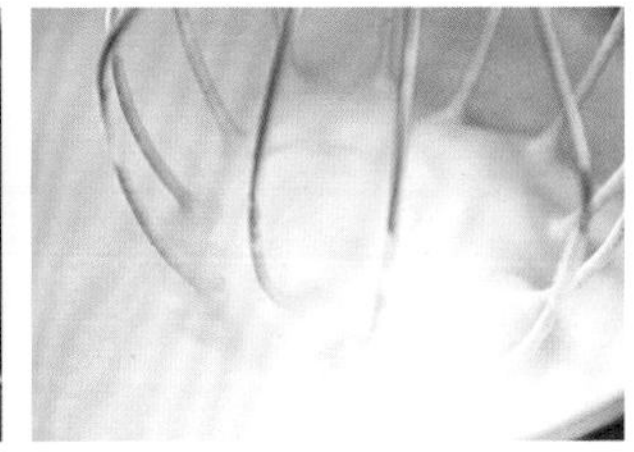

9. 放入蛋清与1/2细砂糖ⓐ，快速打发至泛白。

10. 将剩下的1/2细砂糖ⓐ加入，以中速打发，直到硬性发泡。

11. 将蛋白与面糊混合均匀。

12. 倒入备好的烤盘中。

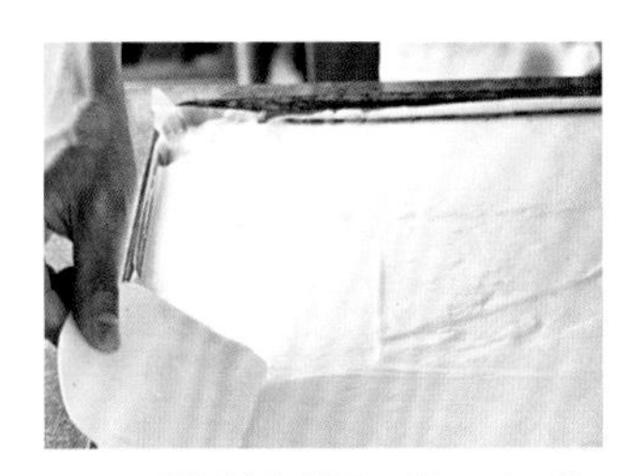

13. 用刮板均匀抹平。以200/150℃烤至10分钟后，再用150/150℃续烤10～12分钟。桌面铺上烘焙纸，将烤好的蛋糕体倒扣，去除烘焙纸，将鲜奶油均匀抹在蛋糕上。再用擀面杖将蛋糕卷起即可（葡萄干表面需朝外卷）。

日式红茶
戚风蛋糕
Japanese-style Tea Chiffon Cake

人气指数：★★★★☆

材料

细砂糖ⓐ155克（11.2%）	橘子水112克（8.1%）
色拉油93克（6.7%）	低筋面粉180克（13%）
红茶粉15克（1.1%）	蛋黄200克（14.5%）
蛋清500克（36.3%）	细砂糖ⓑ125克（9.1%）

加入红茶的清香，
口感倍觉清爽，一点也不会腻口。

做法

1. 搅拌盆中倒入细砂糖ⓑ。

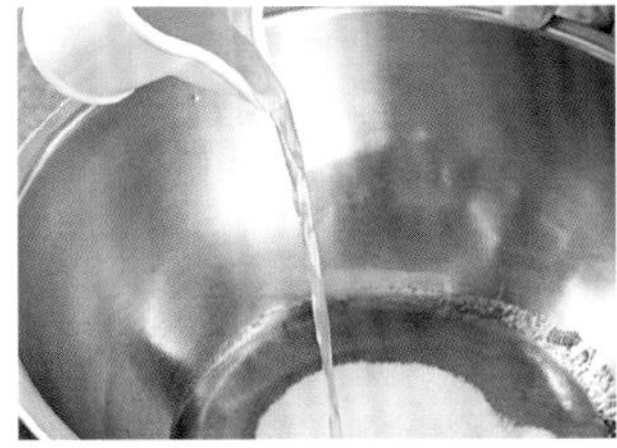
2. 加入色拉油，再加入橘子水。

3. 混合均匀。

4. 筛入低筋面粉与红茶粉。

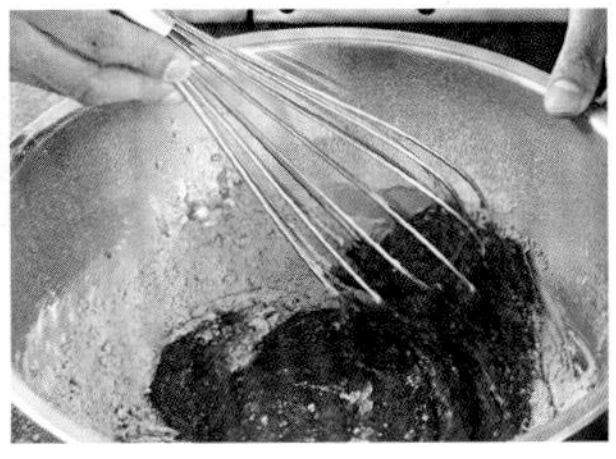
5. 拌匀。

6. 加入蛋黄拌匀。

7. 搅拌至面糊向上提时可以变成一条线的流速，即完成。

8. 擦净搅拌盆里的油脂还有水分，放入蛋清与1/2的细砂糖ⓐ快速打发至泛白后，将剩下的1/2细砂糖ⓐ加入，以中速打发至湿性发泡。

9. 将打发蛋清倒入面糊中。

10. 搅拌均匀。

11. 倒入8英寸蛋糕模中。放入已预热的烤箱中，以200/150℃烤10分钟后，将温度调至150/150℃，烤30~35分钟。以指腹轻轻按压蛋糕表面，若有回弹即表示烤熟。出炉后待凉，即可将蛋糕脱模。

京都红豆抹茶卷

Kyoto Red Beans Green Tea Roll

 人气指数：★★★★★

材料

细砂糖ⓐ100克（6.8%）| 水170克（11.5%）
抹茶粉25克（1.7%）| 色拉油170克（11.5%）
低筋面粉210克（14.2%）| 蛋黄200克（13.6%）
蛋清400克（27.1%）| 细砂糖ⓑ200克（13.6%）

装饰

红豆粒适量 | 植物性鲜奶油350克

爆浆的红豆抹茶卷口感湿润，飘散出来的淡雅抹茶香味让这道甜点更加香甜、爽口。

做法

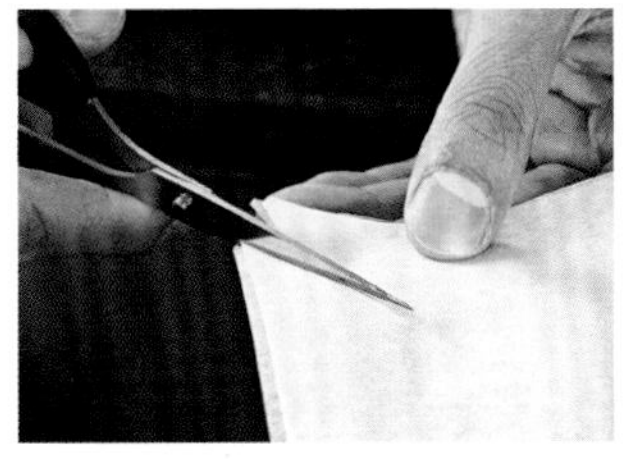

1. 将烤盘纸在四角各斜剪一刀。

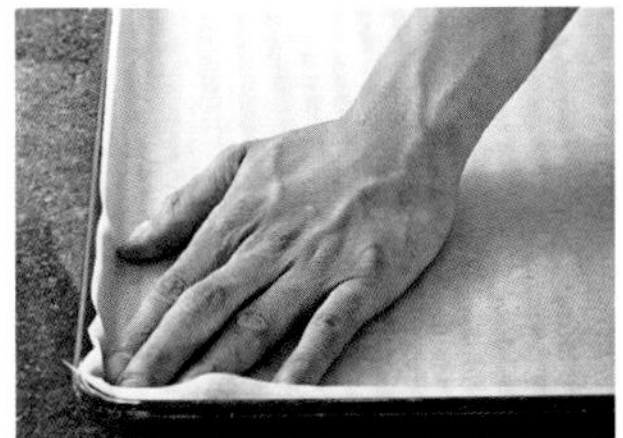

2. 将烤纸铺入铁盘中。

3. 撒上适量熟的红豆粒备用。

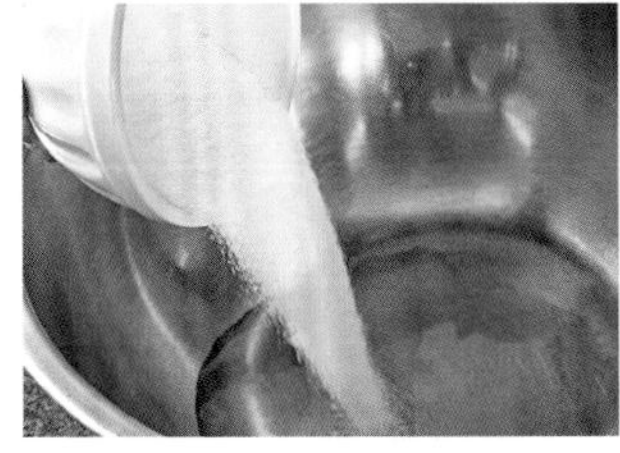

4. 搅拌盆中倒入细砂糖ⓐ，再倒入水。

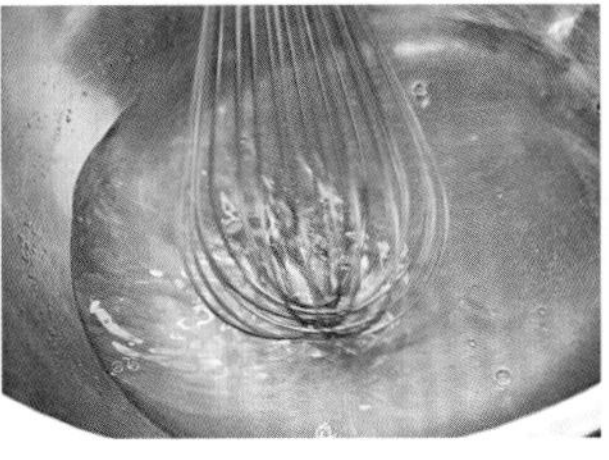

5. 一起加热至大约70℃。

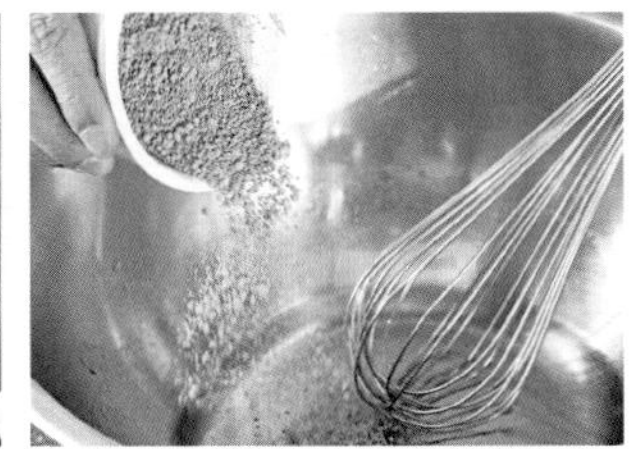

6. 加入抹茶粉，使用打蛋器拌匀。

7. 加入色拉油拌匀。

8. 筛入低筋面粉。

9. 搅拌均匀。

10. 分次加入蛋黄。

11. 搅拌均匀，即为抹茶面糊。

12. 另取一个搅拌盆，擦净油脂和水分。放入蛋清与1/2的细砂糖ⓑ，快速打发至泛白，再加入1/2的细砂糖ⓑ，转成中速打发至湿性发泡。

13. 倒入面糊中拌匀。

14. 将打发蛋白与抹茶面糊用刮刀拌匀。

15. 倒入备好的铁盘上。

16. 抹平。放入已预热的烤箱中，以200/150℃烤约10分钟后，将温度调至150/140℃烤约5分钟即可，出炉后待凉，倒扣在烘焙纸上，撕除烤盘纸。

17. 将鲜奶油打发至硬实状。

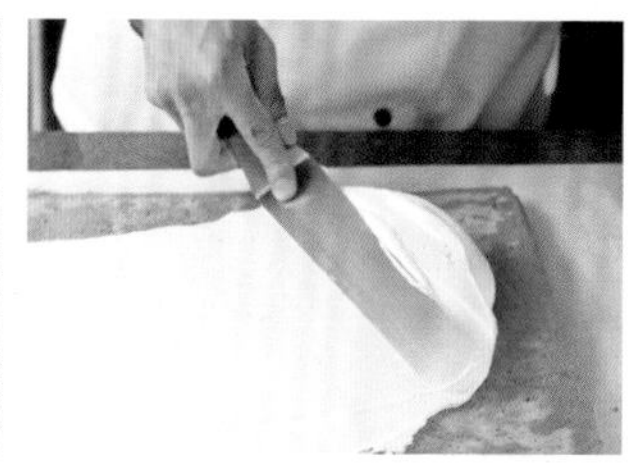

18. 均匀抹在蛋糕上。

19. 将擀面杖放在烘焙纸下方、靠近自己的一侧，并且保持擀面杖跟蛋糕边缘平行。先用一小段的烘焙纸把擀面杖包起来后压紧。

20. 与蛋糕一起上提后往前下压。第一折要记得下压，才不会出现空洞。

21. 保持擀面杖的重心，慢慢把擀面杖往前移动，同时将擀面杖往自己的方向卷，慢慢卷起到完成。

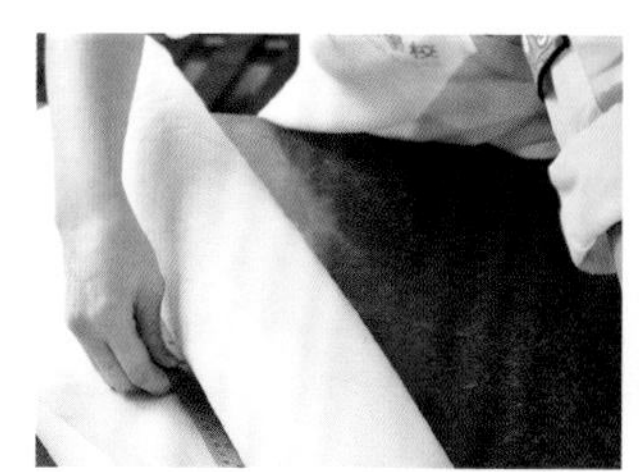

22. 用铁尺放在擀面杖的位置固定。

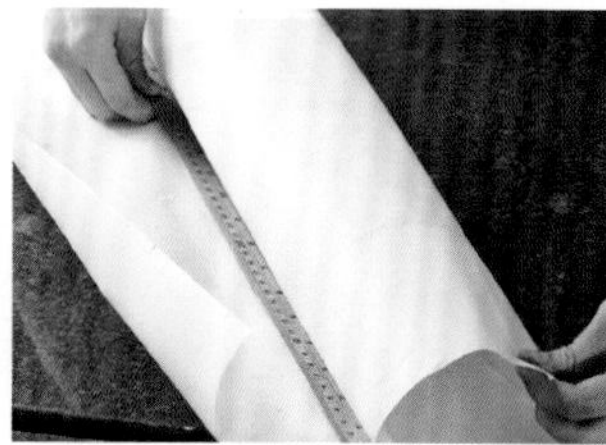

23. 让蛋糕卷收口朝下静置。

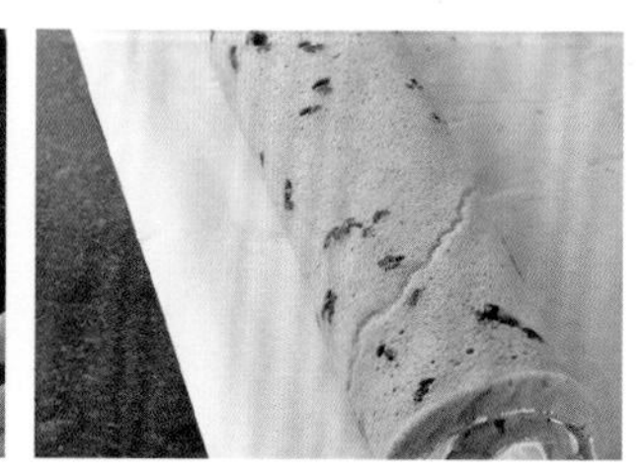

24. 等待定形即可取下烘焙纸，这样就能卷得紧实又美观。

烘焙百分比解释・算式

烘焙百分比

“烘焙百分比”是以配方中面粉重量为100%，其他各种原料的百分比是相对于面粉重量的比例而言，百分比总量超过100%。

制作损耗VS烘焙损耗

“制作损耗”因为材料粘黏盛装容器或器具而产生损耗；“烘焙损耗”则是后续再加上烘焙过程中水分的蒸发，产品在烘焙后也会产生些许重量差。

烘焙百分比计算公式

步骤一

先求出各项材料之系数，再逐一相乘，便可得到各项材料的用量。

算式：面糊重量×数量÷烘焙损耗率÷总烘焙百分比＝材料系数

以海绵蛋糕为例:

$550 \times 3 \div 0.9 \div 398 \approx 4.6 \rightarrow$ 材料系数

步骤二

将材料系数乘以各项材料百分比，即得到该材料所需的实重。

算式：材料百分比×材料系数＝材料实重

算式如下:

材料	烘焙百分比（%）	计算式	实际重量（克）
低筋面粉	100	100×4.6	460
全蛋	150	150×4.6	690
细砂糖	100	100×4.6	460
盐	2	2×4.6	9.2
香草精	2	2×4.6	9.2
奶水	24	24×4.6	110
色拉油	20	20×4.6	92
合计	**398**	**398×4.6**	**1831**

帕玛森干酪蛋糕

Parmesan Cheese Cake

 人气指数：★★★★

材料

鲜奶100克（6%）｜干酪350克（21%）
无盐黄油60克（3.6%）｜蛋黄266克（16%）
低筋面粉125克（7.4%）｜泡打粉5克（0.3%）
蛋清533克（32%）｜细砂糖225克（13.5%）
塔塔粉4克（0.2%）｜帕玛森干酪粉适量

做法

1. 先在模具喷上一层可以防粘的烤盘油后备用。

2. 锅中放入鲜奶、干酪、无盐黄油。

3. 一起隔水加热至化开。

4. 搅拌。

5. 搅拌至完全无颗粒且滑顺的状态，即可从热水盆中取出。

6. 加入蛋黄液，使用打蛋器拌匀。

7. 筛入低筋面粉与泡打粉。

8. 搅拌均匀，即完成奶酪面糊。

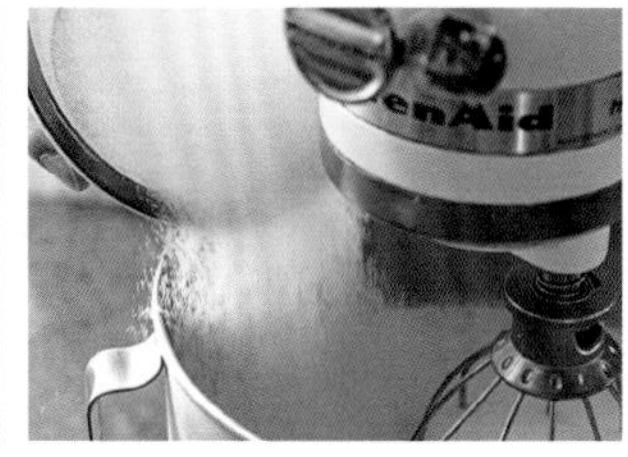

9. 擦净搅拌盆里的油脂还有水分，放入蛋清、塔塔粉以及1/2的细砂糖，快速打发至泛白。

10. 将剩下的1/2细砂糖加入。

11. 转成中速继续打发至湿性发泡。

12. 将打发蛋白倒入奶酪面糊中，轻轻搅拌均匀。

13. 模具放在电子秤上，每个模具里倒入奶酪面糊到250克。

14. 抹平，撒上帕玛森干酪粉。

15. 模具下垫一个烤盘，并倒入适量的水。烤箱预热完成后，以200/150℃先烤10分钟至表面微微上色后，将温度调至150/150℃续烤约30分钟即可出炉。

提拉米苏
Tiramisu

 人气指数：★★★★★

材料

咖啡酒糖液 | 水100克（35.7%）
细砂糖50克（17.9%）| 咖啡粉30克（10.7%）
咖啡酒100克（35.7%）

慕斯

吉利丁片13片（1.1%）| 细砂糖80克（6.4%）
蛋黄140克（11.3%）| 马斯卡彭奶酪250克（20.3%）
干酪250克（20.3%）| 打发的动物鲜奶油500克（40.6%）

蛋糕体

手指蛋糕【请参照P054】
防潮可可粉适量

咖啡酒糖液：

做法

1. 锅中放入水与细砂糖一起煮沸。

2. 加入咖啡粉拌匀后，熄火、待凉备用。

3. 冷却后加入咖啡酒即可。如果想要快速冷却，可以隔冰水帮助降温。

4. 使用毛刷将咖啡酒糖液刷在手指蛋糕上备用。

慕斯：

做法

5. 吉利丁片泡入冷饮水中，静置5分钟后取出，挤干水分备用。

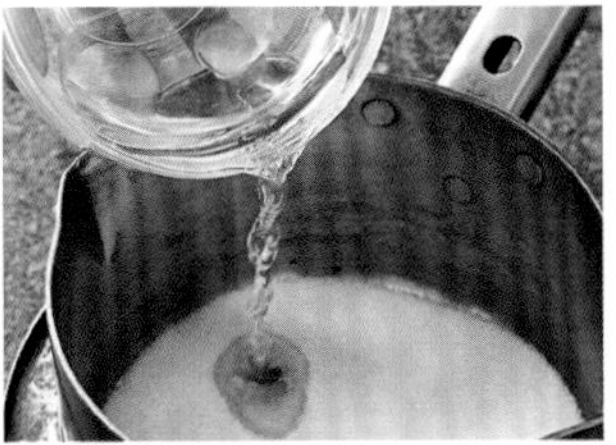

6. 将细砂糖倒入煮锅中，加入水至覆盖住糖即可。

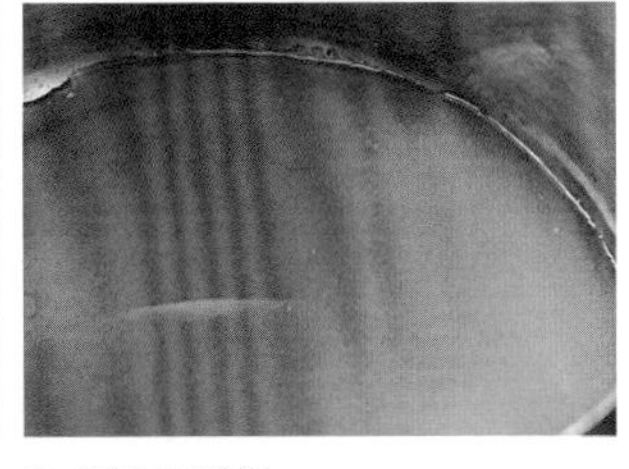

7. 熬至106℃。

8. 蛋黄事先拌匀，糖浆慢慢冲入。

9. 继续打发至完全发泡。

10. 打发至呈炸弹面糊状。

11. 将马斯卡彭奶酪与干酪揉匀。将炸弹面糊分次加入拌匀。

12. 将吉利丁液加入面糊中拌匀。

13. 动物性鲜奶油打发至黏稠状。

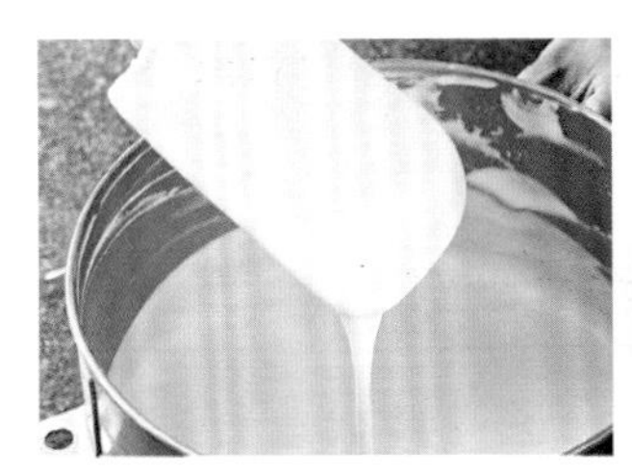

14. 加入面糊中拌匀即可。

15. 杯中先灌入薄薄一层慕斯，放入一片手指蛋糕，再灌第二层慕斯、放一片蛋糕，再灌第三层慕斯、放一片蛋糕，最后将慕斯灌入约8分满。

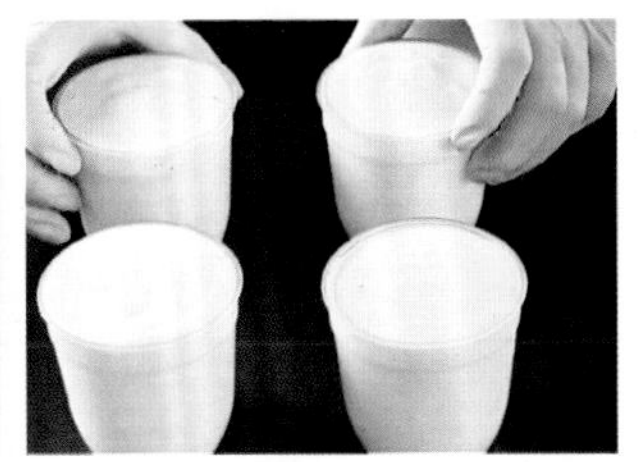

16. 放置冷藏约3小时。取出后，表面撒上防潮可可粉。

芒果奶酪慕斯

Mango Cheese Mousse

 人气指数：★★★★★

材料

饼干层

消化饼干120克（10.7%）| 无盐黄油55克（4.9%）

慕斯

吉利丁片8片（1.3%）| 奶油奶酪250克（22.3%）

细砂糖60克（5.4%）| 鲜奶120克（10.7%）

芒果果泥200克（17.9%）| 动物鲜奶油300克（26.8%）

芒果冻

吉利丁片2片（4%）| 冷饮水60克（48%）

芒果果泥60克（48%）

杏桃果胶适量

饼干层&慕斯：

做法

1. 将无盐黄油放入锅中化开后备用。

2. 将消化饼干打碎。

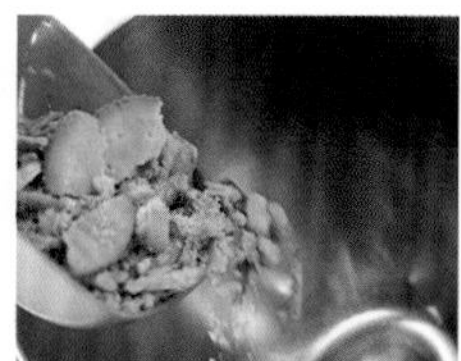

3. 放入搅拌盆中。

4. 与化黄油一起拌匀。

5. 在8英寸慕斯框铺入保鲜膜。

6. 倒入消化饼干碎。

7. 压平。

8. 吉利丁片泡入冷饮水中，静置5分钟后取出挤干备用。

9. 擦净搅拌盆里的油脂还有水分，放入奶油奶酪与细砂糖。

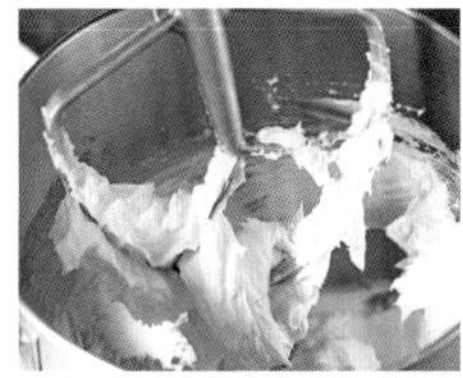

10. 使用搅拌机搅拌至软。

11. 鲜奶煮至约45℃后分次加入拌匀，中途要进行刮盆。

12. 再加入芒果果泥。

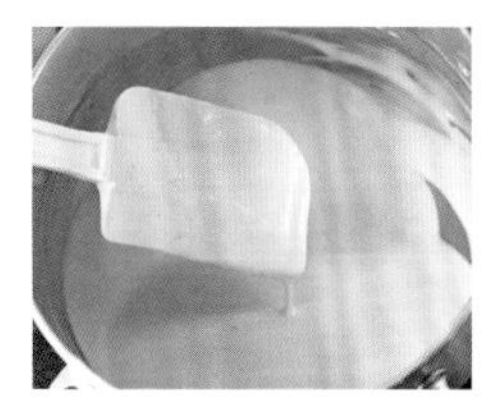

13. 拌匀。

14. 将吉利丁片加热融化后加入，拌匀。

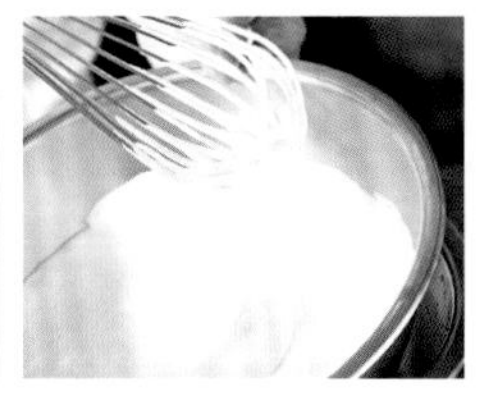

15. 动物性鲜奶油打发至浓稠。

16. 分次加入芒果干酪面糊里。

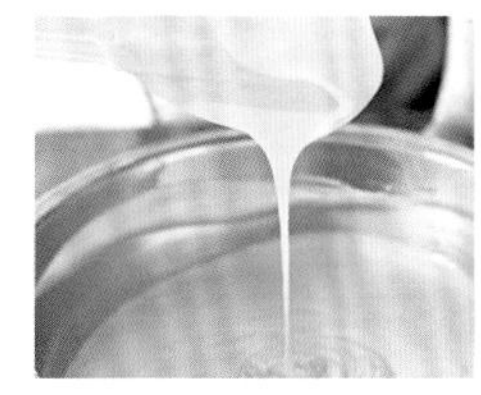

17. 拌匀成慕斯状。(Tips)

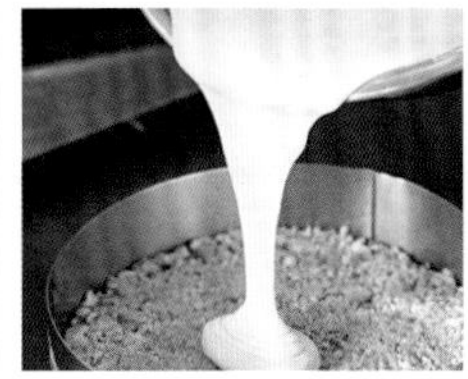

18. 将慕斯倒入备好的慕斯框里。

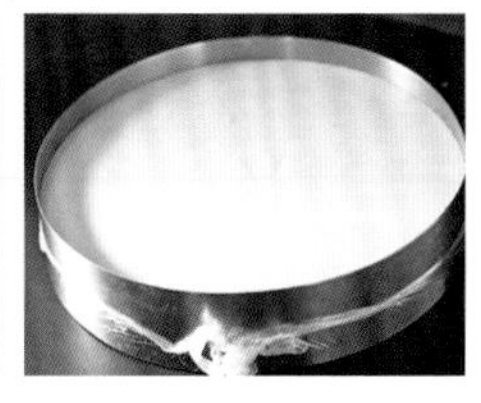

19. 倒至大约八分满。冷冻约3小时。

Tips

如果不够浓稠，可隔冰水降温。

芒果冻：

做法

20. 吉利丁片泡入冷饮水中，静置5分钟后取出挤干备用。将水与果泥煮至60℃，边缘会冒泡泡的程度。再加入吉利丁片融化拌匀，过滤后降温至35℃。将果冻倒入慕斯上层，表面抹匀。

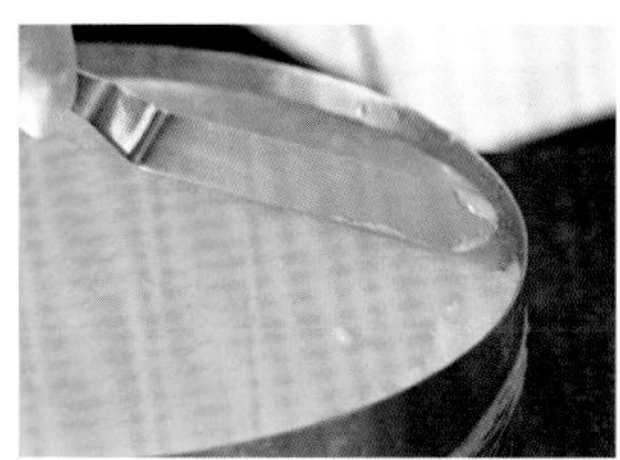

21. 再冷冻约5分钟，将慕斯框脱模即可。表面抹上杏桃果胶。放上切丁的新鲜芒果丁装饰，挤上动物性鲜奶油即可。

芙蓉水果卷

Hisbicus Fruit Roll

人气指数：★★★★

材料

蛋糕体

鸡蛋450克（29.2%）| 蛋黄60克（3.9%）
细砂糖212克（13.7%）| 低筋面粉165克（10.7%）
色拉油140克（9.1%）| 无盐黄油105克（6.8%）
鲜奶60克（3.9%）

装饰

动物性鲜奶油350 | 水蜜桃丁适量 | 草莓丁适量
猕猴桃丁适量 | 菠萝丁适量

加入喜爱的水果，让蛋糕的口味变得清新酸甜，
也能品尝到不同滋味的口感。

做法

1. 铁盘上铺好烤盘纸备用。搅拌盆中放入鸡蛋、蛋黄、细砂糖。

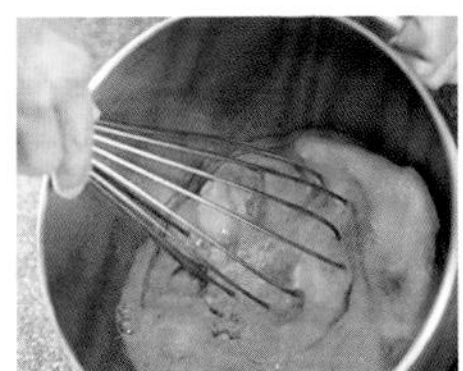

2. 先以快速打发。

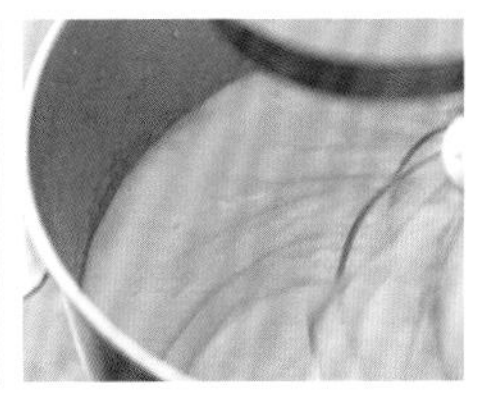

3. 打发至泛白后，再换成中速搅打，打发至浓稠状态。

4. 将面糊移至钢盆中，将低筋面粉慢慢筛入面糊里，并用刮刀轻轻拌匀。加入鲜奶搅拌。

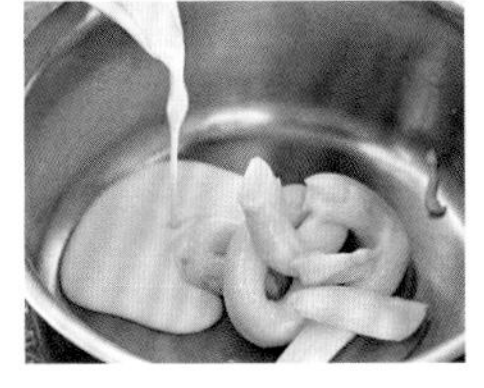

5. 将无盐黄油与鲜奶加热，加入部分面糊。

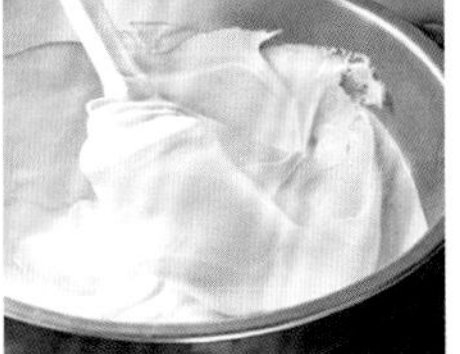

6. 以手拌方式稍微拌匀。

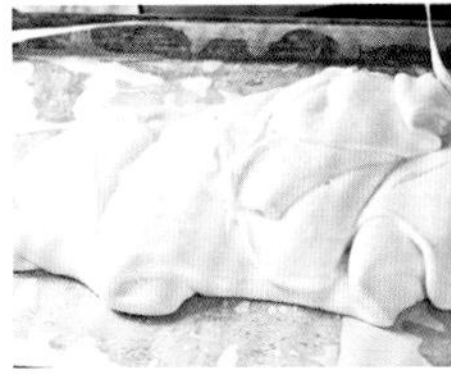

7. 倒回其余面糊中拌匀后，倒入铁盘内。

8. 抹平。将烤箱预热后，以200/150℃烤10分钟至表面微微上色，再将温度调至150/150℃烤约5分钟。以指腹轻轻按压蛋糕表面时会回弹即可。

9. 将动物性鲜奶油打发至湿性发泡。

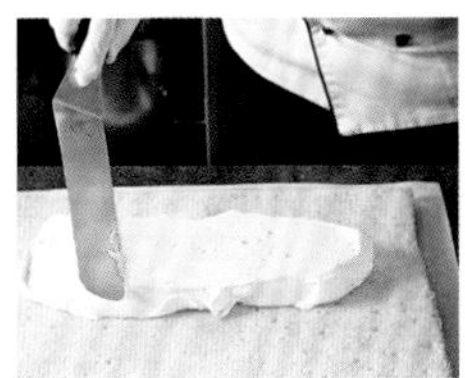

10. 桌面铺上烘焙纸，将烤好的蛋糕体倒扣，去除烘焙纸、待凉。抹上打发的动物性鲜奶油。

11. 均匀码上各种水果丁。

12. 将擀面杖放在烘焙纸下方、靠近自己的一侧，保持擀面杖跟蛋糕边缘平行。先用一小段烘焙纸把擀面杖包起来并压紧。

13. 再和蛋糕一起上提往前下压，第一折要记得下压，才会卷得紧实。

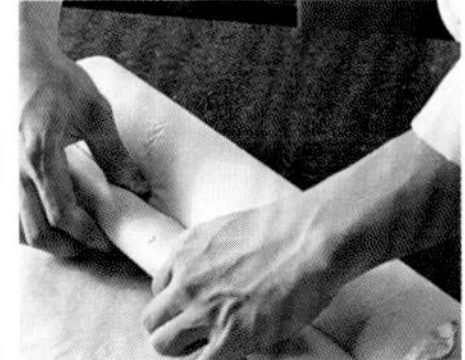

14. 保持擀面杖的重心，慢慢把擀面杖往前移，要把擀面杖往自己的方向卷，慢慢卷起到最后。

15. 等到完全卷完后，用铁尺放在擀面杖的位置固定，让蛋糕卷收口处朝下静置。

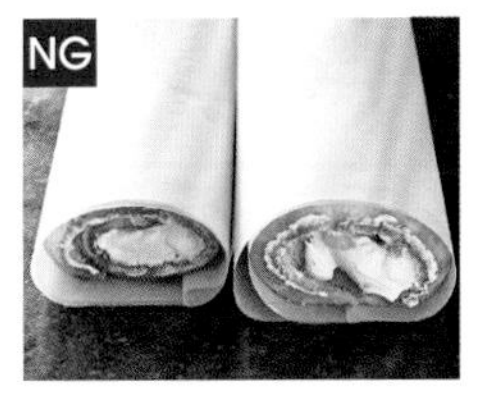

16. 等待定形即可取下烘焙纸，这样就能卷得紧实又漂亮。

-PART-

2

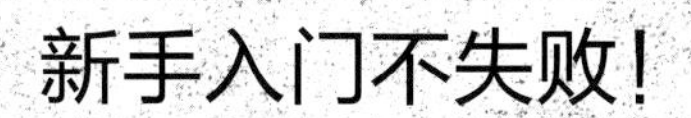

饼干和甜挞
容易失败点完全破解！

搞懂三大原料：油、糖、粉之间的比例，饼干配方完全解析

饼干基础原料 | 油、糖、粉不可少

制作饼干时，油、糖、粉及液态原料配方比例的不同，会决定饼干入口时“脆、硬、松、酥”的口感。如果使用的配方：油比糖多，这类饼干口感通常较酥松；油糖同量，饼干的口感会比较酥脆；油比糖少，饼干的口感会较为脆硬，瓦片饼干、猫舌都是属于糖多的饼干。可以根据自己想要的口感，调整配方比例。

制作饼干面团的搅拌方式

1. 糖油拌和法

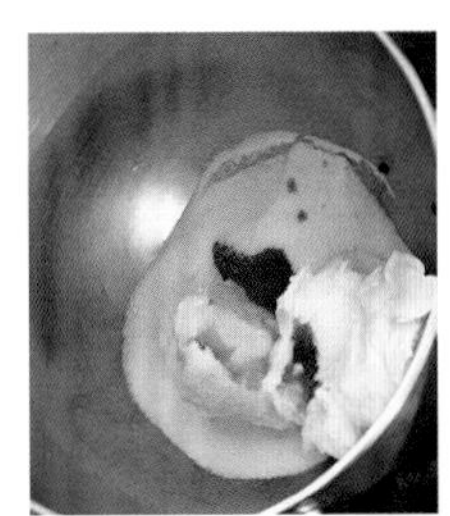

材料加入顺序：

油 + 糖 → 蛋〈或其他液态材料〉→ 粉类

适用的饼干类型：

冷藏小西饼、挤制型的饼干，以及油糖含量高的饼干。

油糖拌和法，就是把放在室温下软化的黄油稍微拌软，加入糖后打发到有点泛白，再把其他液态材料分次加入，直到完全吸收乳化，最后加入面粉，并以橡皮刮刀拌匀成团。把面团稍微整平，以保鲜膜包覆后放入冰箱冷藏，变硬后即可取出，进行整形操作。这类面团属于挤制类的饼干。因为加入了鸡蛋，所以口感比较酥松，而且水分会比较多，还能增加香气跟色泽。操作时，糖油混合物、蛋（或其他液体材料）、粉类这三种食材的使用量相同。

2. 糖粉油拌和法

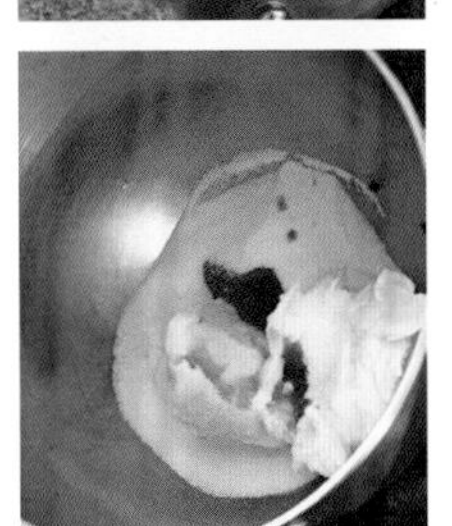

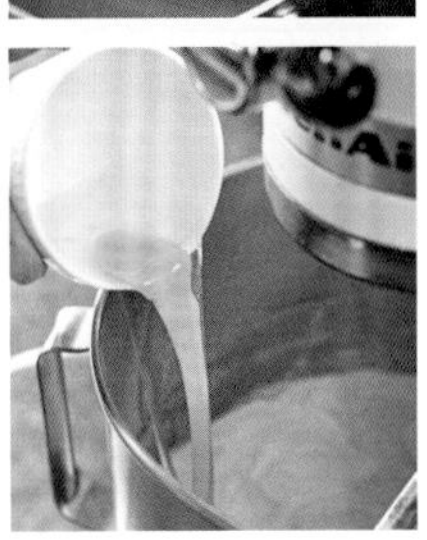

材料加入顺序：

油 + 面粉 + 糖 → 蛋〈或其他液态材料〉

适用的饼干类型：

冷藏小西饼、挞皮类，以及含糖比例较高的饼干。

油糖粉拌和法，适用于制作不需要打发的饼干。将黄油放在室温下回软，再加入面粉以及糖后，用手搓匀，再倒入液态材料，把全部材料拌匀成团就可以放入冰箱，等面团变硬，就可以取出、切块。制作前，黄油需要化开，由于这类面团会比较硬，所以直接用手揉会比较容易。此外，也可以选择液态油，例如橄榄油、葵花子油、色拉油等。

制作冷冻类的饼干就需要使用这种拌和方式，把全部食材一起拌匀即可，再冷冻塑形，变硬后就切。这类的饼干口感会比较硬脆。例如：布列塔尼酥饼、奶油钻石饼干等。

烘焙小秘诀

黄油要先化开。也可以用液态的油，橄榄油、葵花子油、色拉油都可以使用。关于糖类的使用若是加入细砂糖，烘烤出来的组织会比较粗糙；若是加入糖粉，可以先跟面粉混合均匀再过筛。

3. 糖蛋粉拌和法

材料加入顺序：

糖 + 蛋〈或其他液态材料〉+ 面粉 → 化黄油

适用的饼干类型：

薄饼类、烟卷，或是液态材料含量较高的饼干。

这类面团适用于制作需要挤制的饼干，因为会在其中加入鸡蛋，所以口感比较酥脆。由于含有较多的水分，可以增加甜品的香气，色泽也会比较诱人。各种食材的使用量相同。

以蛋清打发类拌和法做成的蛋清饼干，例如马卡龙、杏仁瓦片、蛋清饼，蛋清打发的程度不同。

杏仁瓦片中的蛋清没有打发，只是稍微拌一下，但它主要是用蛋清去做结合。需要将蛋清打发的，就是马卡龙、蛋清饼。这类饼干的蛋清打发都要打到硬性发泡，再去跟粉类拌和，例如杏仁粉、糖粉，制作时，需将面糊灌入裱花袋再挤在烘焙纸上做成饼干坯。

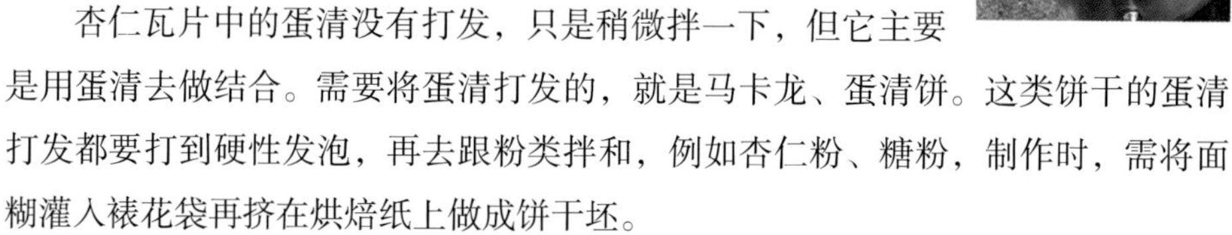

材料中的蛋液属于液体食材，除了可以增加香气，还可以增加色泽。像烘烤后的喜饼，外观都是金黄色的，而像冷冻小西饼这种偏硬的饼干，成品色泽发白，就是因为没有加蛋的缘故。

烘焙小秘诀

黄油酥饼或者是喜饼类的饼干口感较湿润，是因为油脂含量较多。但油脂含量多也有缺点，很容易有油耗味，所以很多饼干都会用发酵黄油去做。

所谓的发酵黄油，是指在制作过程当中引起发酵，黄油跟空气有接触一段时间，有一种酸香的气味，所以制作饼干时，建议用发酵黄油去制作。

一般质量比较差的饼干会使用酥油或白油，制作出来的饼干的口感就会很差。

一般用发酵黄油所做出来的饼干口感会比较松脆、酥松，用白油或者是酥油制作出来的饼干，口感就会比较硬、比较干。

制作饼干面团常用的4种塑形法

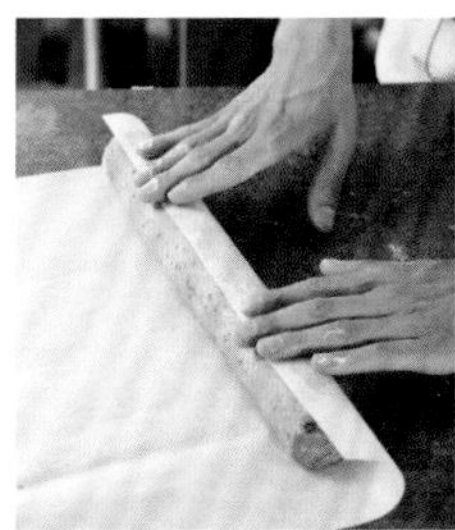
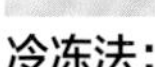

冷冻法：
搓成长条状（每条约100克），包起后冷冻，隔天取出后切片，放在烤盘上去烘烤即可，这种为冷冻小西饼。

冷藏法：
直接用手搓圆制成，例如雪球。

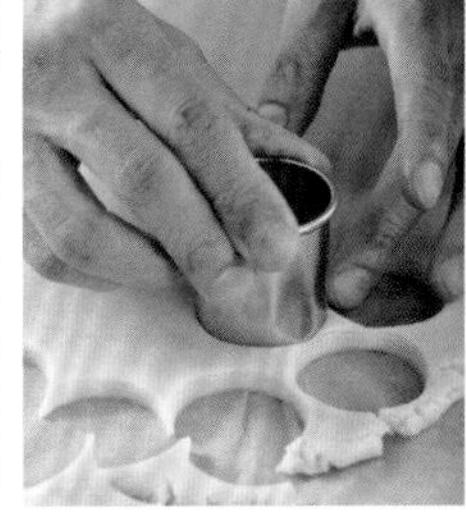

压模法：
将面团擀平后，再用模型直接压出形状。

挤制法：
利用裱花袋挤制形状，例如菊花饼干、马卡龙、蛋白饼等。

模具饼干失败的问题

Q1. 面团无法顺利塑形

会使用到模具的面团，基本上都是比较硬的，所以如果要制作的是必须使用裱花袋的饼干，但却把它放入模具里，这样当然会失败。因为并不是所有的饼干，都可以使用模具。模具塑形方式有很多种，一种是将面团按入模具中，一种是将面团擀成片状后用模具切。将面团挤在模具里面，希望可以烤出模型的样子，是在制作材料和配方的选用不当，比如用制作奶油酥饼的配方要去做姜饼人饼干，这样当然会失败，所以成功的前提是一定要用对配方。

★冰冻太硬导致无法塑形

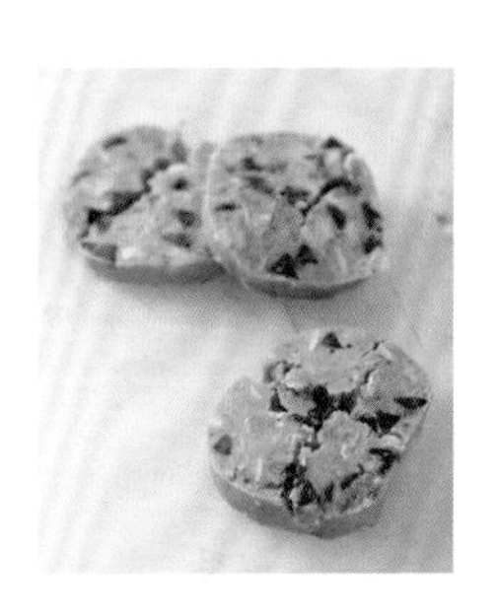

假设配方没有问题，例如要做一个姜饼人饼干，配方对了，但为什么还是会失败？有可能是面团冻得太硬了，因此很难切成片，切成片之后也容易造成饼干坯破损甚至是完全切不下去。

制作饼干要有一定的厚薄度。如果在饼干坯很硬的情况下就去切，就会从中间断掉，这就是冰太硬所造成的。最适合面团的温度最好是-5℃，如果没有温度计可以将竹扦戳入面团中，感觉有一点阻力即可。如果面团过软饼干容易被烤焦。如果冷冻过度，将冻面团放在室温回软到适合程度之后再去按压。

★室温过高导致无法塑形

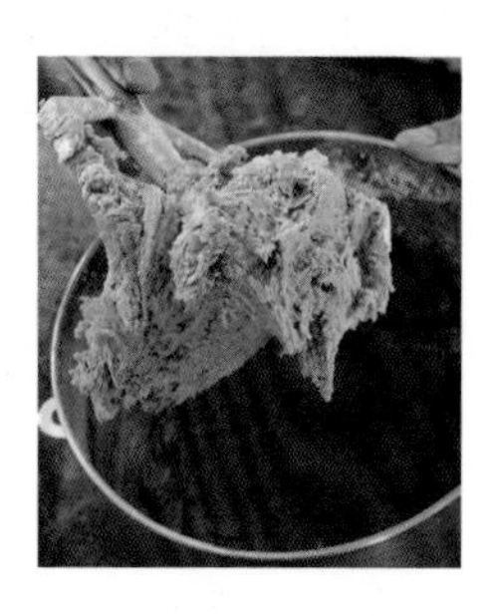

室温过高则会导致无法塑形，尤其在夏天，从冰箱拿出来后要赶快塑形，不能一直放在室温环境中，不然面团就会变软、软化。如果在软化的状态下直接压模就容易造成变形，因为切得不利落，形状会不好看，也容易粘在烤盘上。所以最好的解决方式，就是赶快做完，如果面团过软，就要再放入冰箱重新冷冻。另外的解决方法，是可以把面团分批做。比如2000克的面团，可以分为500克的面团、分成4次操作。

Q2. 面团擀不开的情况

如果面团擀不开，那就真的是面团太硬的问题了。冻得太硬或者是材料秤错，还有，它必须是要能够擀得开的配方。例如制作猫舌饼干的面团是没有办法展开的，因为饼干坯呈糊状。马卡龙也是无法擀开的面团。在材料选对的状况之下，还是擀不开的话，那就是冷冻时间太长的问题，导致面团无法延展。如果面团擀不开，那就要退冰至像是黏土般的程度，就可以延压擀开。若直接去擀，面团容易剥落、不成团。万一太热的话，面团就会太软，如果室温超过30℃，正常的延压饼干就一定会软化，面团过度软化就会难以塑形。室温太热，还会造成油水分离、一直出油的情况。

所以制作甜点时，最好都是在冷气房且室内温度是24～26℃。如果超过30℃，就不建议制作甜点，因为受室温的影响，油脂很容易析出，造成油跟粉很难结合。而如果是挤制类的饼干，则更容易有出油的状况。

Q3. 无法顺利脱模

使用一般模具时，建议可以先在模具内涂一层化黄油，或是撒高粉防粘，再下去切。但如果是使用铁氟龙的烤盘模具就可以顺利解决这个问题。没有使用烘焙纸就拿去烘烤时，因为有时候烤箱的下火温度太高，饼干底部烤焦后就比较容易粘着，拔取出来时也容易破损，所以垫一层烤盘纸，就可以很容易地解决这个问题。

利用裱花袋挤饼干失败的问题

Q1. 挤不出来

如果配方的比例是正确的，还是挤不出来的话，大概是裱花袋装的面糊量太多。

一个裱花袋装得过满，从上面挤时会因为施力点不对，而挤下不去，另外，有些配方里有其他的馅料，例如巧克力豆、葡萄干等，就要注意它们的体积大小，如果过大就会塞住洞口。将面糊装入裱花袋时不要装得太满，大概装至七分满，有些人会装到九分满，而装太满就会造成袋尾没有足够空间可以用来旋转、掐紧，如果没有旋转掐紧的空间，在挤压的过程当中，面糊就容易漏出来。

Q2. 裱花袋内的面糊易漏

将面糊挤向裱花袋口，旋转集中在袋尾部分，必须转紧并用虎口固定。而旋转这个动作，是为了让馅料不要向上移跑，如果都转紧了还会漏，那就是袋子有破洞。

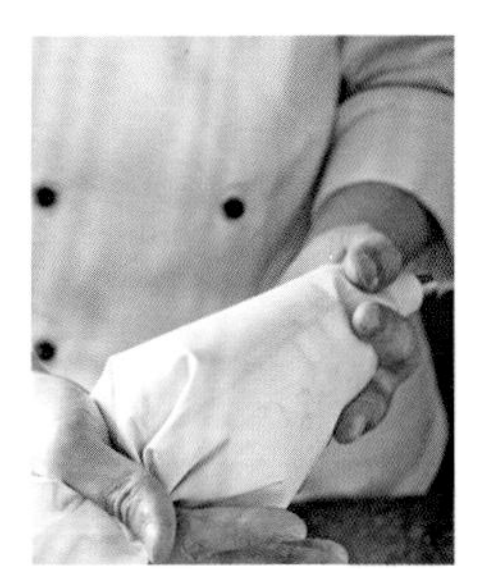

糖霜饼干失败的问题

Q1. 无法漂亮成形

糖霜饼干的漂亮图案，不管大人小孩都爱。通常没有办法成形是因为如果将糖霜调得太稀，挤下去的瞬间就会摊开。糖霜的面糊是用糖粉加上柠檬汁这两个材料做调和（还有色素）。比例需依需求做调整，要拉线条的，做好的糖霜就必须要比较硬，如果要画花之类的图形，就要调稀一点。所以要控制各个原料的比例。糖霜饼干属装饰饼干，制作工艺也相对复杂。

Q2. 烤好后底部裂开

如果饼干烤好后底部裂开，可能是因为烤太久导致水分流失，而水分流失就会裂开。另外，烤完的饼干如果直接放入冰箱冷藏或是冷冻，因为热胀冷缩会裂开。

挞皮面团
解决甜挞皮失败的问题

Q1. 挞皮的结合度变弱

通常挞皮的黄油含量会比较高，一般在搅拌原料时，拌匀即可，黄油不用过度打发。如果材料没有秤错，还是出现结合度变弱的情况，那就是因黄油过度打发所致。黄油搅拌过度会影响和粉、糖的结合，导致面团过软、粘手，所以在搅拌的时候不要搅拌过度，只要稍微打软就好。

Q2. 面团粘手

因为这种面团较湿润，会较粘手，所以要使用一些手粉，像高筋面粉，就会解决面团粘手的问题。

Q3. 面团一擀就裂开

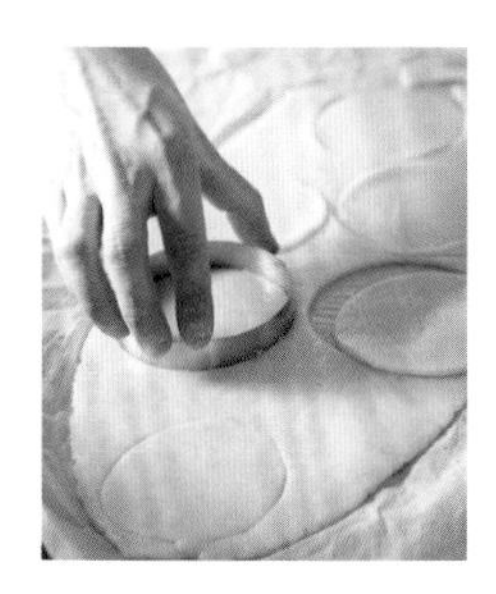

需冷藏至软硬适中的程度再制作，擀开时需撒上手粉，防粘黏，也不易裂开。

Q4. 挞皮没办法漂亮地铺到模具上

挞皮应该达到这种状态：硬度及薄厚都要适中。如果冷藏后拿出还是较硬就去擀开，或是直接用手铺在挞模上，都是失败的原因之一。制作六英寸或八英寸的挞时，则建议还是要利用擀面杖，顺着擀面杖卷起来，再放在模具上，一边转动一边铺入模具里面，不容易拉扯到挞皮。因为一旦经过拉扯，形状就会不美观。若面团取出未回软就去操作，也会造成形状不漂亮。

Q5. 烤好后的形状不漂亮

制作挞皮时，若烤后的形状不漂亮，大多因为面团的松弛不够，或者是筋度太高。延展这个动作，就是为了要增加面团的筋度，例如有些千层的口感

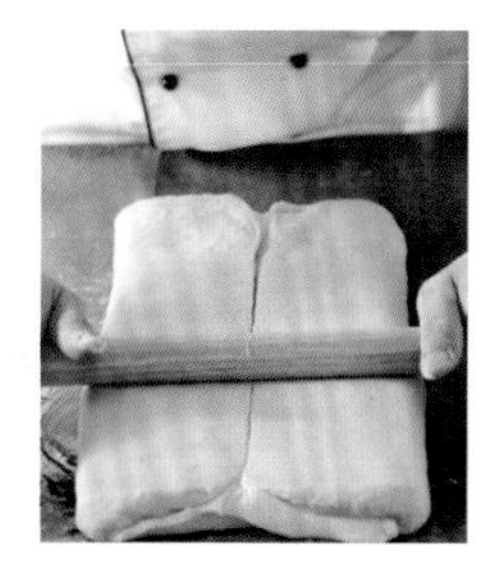

比较硬。有些酥皮则比较松软，像法式千层酥。但如果筋度太高，烘烤的膨胀力就会比较差。所以面团的筋度直接影响酥皮的口感。而筋度如果不够，会影响膨胀，做出来的成品就会不漂亮，口感也会比较差。若搅拌过度造成挞皮筋度过高，烘焙后就会产生收缩。

Q6. 挞底膨胀

挞底膨胀的情况比较少见。通常是因为烤炉的下火温度太高。像是设错温度，受热太快，就会收缩膨胀。如果烤空挞，一般会用烘焙用重石压着烤（或者用红豆、绿豆、米去压着）挞皮厚薄不平均，会造成挞皮受热的面不均匀，所以制作挞皮时厚薄一定要平均，并且不要随便拉扯，如果一部分厚一部分薄，这样较薄的那一面，在烘烤的过程中就会翘起。如果挞皮太软，却硬是把它铺在模具上，一旦经过拉扯，就会有厚薄不一的情况。

派皮面团和千层挞皮失败的问题

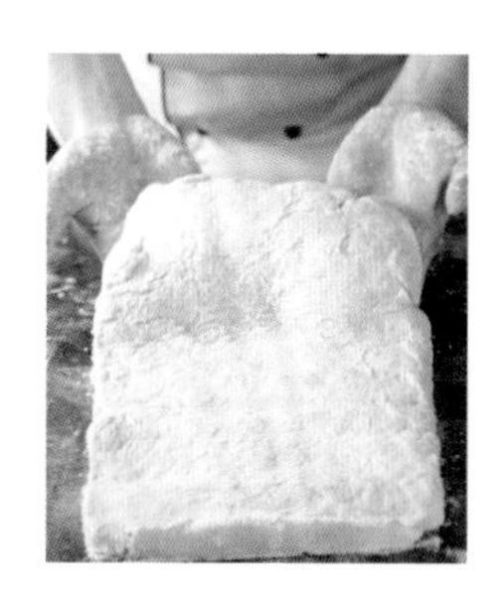

制作千层挞皮的材料，就是面团中的面粉、水、盐、糖还有一大块黄油，面团材料搅拌、松弛完之后，压开成长方形，黄油的面积大概为面皮厚度的2/3，然后折叠，这个动作就叫作包油，再去做延压。假设奶油原本是1千克，压开之后可能就变成厚度为0.2厘米的长方块，它跟面团的软硬度要结合得刚刚好，软硬程度类似黏土，然后再展开。

Q1. 面团发黏

通常都是因为材料称重过程中失误，或是面团部分搅拌不足或过度，使得面团筋度太弱或筋度断裂，造成面团发黏。千层挞皮跟甜挞皮做法不一样，它是做好一个面团后再做包油、延压，所以重点在于，如果面团搅拌不足或是搅拌过度，造成面团筋度较大或筋度过小，在延压的过程会产生断裂，面团就会变得比较粘手，所以面团在搅拌的时候，要把面团整个拌成不粘手的程

度，再放入冰箱冷藏，让它松弛之后再去包油。一般来说松弛的时间大约为12个小时。

如果黄油没问题但面团太硬，擀不开。如果面团很软但是在黄油冷冻的情况下去擀，面团会被擀干但不能和黄油很好地混合。黄油跟面团调和很重要，所以需要先松弛再擀压，擀薄之后再卷。

经过三折后再三折，擀压之后才会有层次。

假设第一次是三折，就可以去算总共有几层，例如一开始是三层，第二次就是九层，这样就可以越叠层次越多。它的重点在于油要均匀，原理就好像是油皮、油酥、油皮、油酥，也是要经过重复的包覆、折叠、擀开的过程。

①折叠派皮

Q2. 外层面团没办法漂亮地整形

制作派皮的面团，需冷藏到软硬度适中，在软化前迅速整形会比较美观。

Q3. 没办法用外层面团包好黄油

挞皮类通常会做成千层，如果温度控制得不好，黄油太软就没有办法包好。面团跟黄油的软硬程度需要一致，所谓的一致就是需要冷藏的温度，不管是做千层的、常规的或者是快速的，不能让面团或黄油太硬或太软，面团与黄油软硬的程度需一致。

②反折叠派皮

跟折叠派皮制作的方式相反的，是反折叠派皮，也就是用黄油去包面团。例如法式的千层酥，是用包着黄油的面皮，经过擀开、折叠，让黄油夹在薄薄

烘焙小秘诀

快手酥皮——适合新手做的千层酥

制作快手酥皮所使用的黄油需要冷冻后，再切成小正方体，边长大约2厘米。做法是在面团快搅拌好时，停止搅拌，把小块的黄油加到面团里面稍微拌匀，取出后擀开，再送去烘烤，这种酥皮叫作快手酥皮，简单来说就是烘烤面皮的过程中，黄油化开的结果。这种做法可以用来制作黄油千层酥、蝴蝶酥，只是在呈现上不会那么细致，但口感上类似，另外，制作葡式蛋挞也可以使用这种快手酥皮。

的面皮层里。制作反折叠派皮时，先把油脂压到需要制作时的厚薄程度，再放入冰箱冷藏或冷冻，等达到需要的软硬度以后，取出，温度大概是0℃或者是1～2℃。另一方面千层面团也要打碎、搅拌好并松弛12个小时，等两项都准备好后，就可以把油擀开。

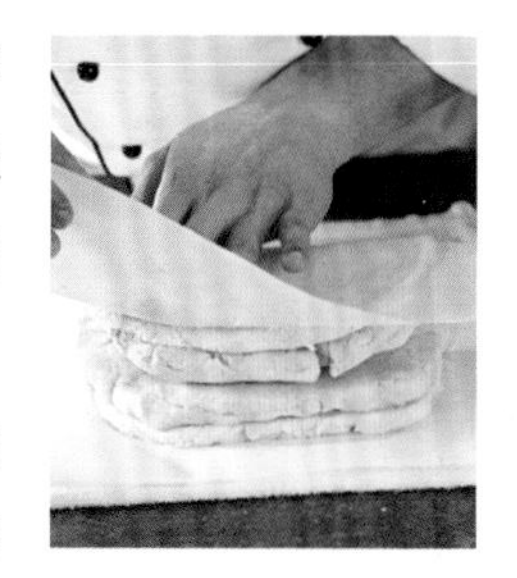

若换成用油去包的形式，面团的结构就会变成油、面团、油。这两者的差异在于油在上面。

烘焙小秘诀

就像制作葱油饼时，有些人会在上面淋油，这样葱油饼的口感就会更酥。例如草莓千层酥，就是利用反折叠的方法做出来的。很多饭店在制作上也都是采取这样的做法，像是饼干类的蝴蝶酥。

Q4. 面团折不好

需反复练习，每片面皮折出来的厚度是相等的，如此折叠出来的层次才会一致。裹油类面团制作的难易度就是温度控制、面团厚度要够平均，成功率才会高。

Q5. 折好的面团很难擀开

基本上，在室温条件下回软至适合擀开的软硬度，面团需充分松弛也是成功的关键。

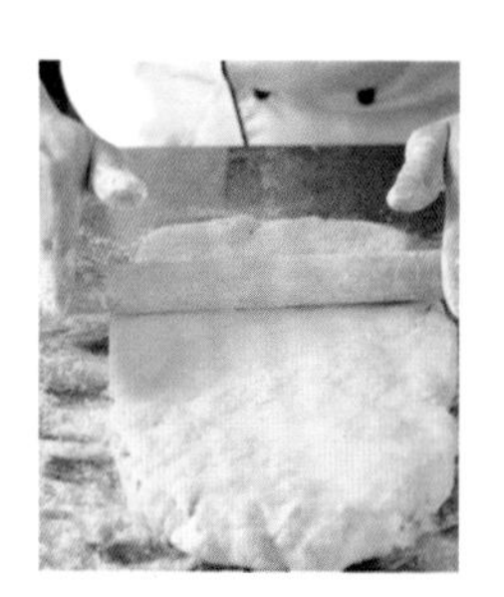

Q6. 没有明显的分层

黄油需要有一定的硬度，不要完全化开，才能形成黄油、面团、黄油，或是面团、黄油、面团这样的结构。烤的时候，才会出现层次。所以如果在折叠以及搓揉的过程中，黄油太软而被面团吸收掉，就会变成烤面包，就做不出千层的效果。过度折叠与搓揉，会让黄油软化和面团结合，造成无明显层次。

Q7. 烤好后膨胀得不平均

压好之后，会做裁切，整形后的厚度与重量要平均，这样在烘焙时才能平均受热，均匀膨胀。记得在整形后，不要压到或是拉扯面团，否则会导致变形、变薄。

巧克力的经典搭配，按一定比例混合，每一口都有着绝妙口感。

巧克力曲奇
Chocolate Cookie

材料

核桃仁125克（10.9%）| 红糖113克（9.7%）
黄油200克（17.5%）| 香草精2克（0.2%）
鸡蛋50克（4.4%）| 蜂蜜19克（1.7%）
低筋面粉325克（28.4%）| 泡打粉7克（0.6%）
巧克力豆225克（19.6%）| 杏仁片80克（7%）

做法

1. 制作前要先将核桃仁切碎备用。

2. 搅拌盆中先放入红糖、黄油、香草精后，以慢速搅拌均匀。

3. 碗中放入鸡蛋与蜂蜜。

4. 分次加入搅拌盆中搅拌均匀。

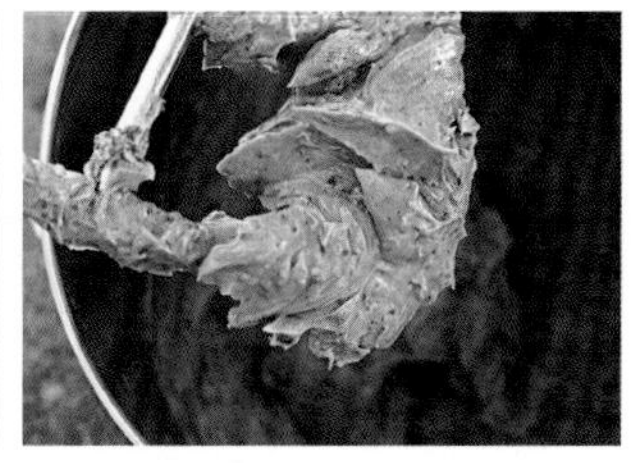

5. 搅拌至如图所示的状态。

6. 筛入低筋面粉及泡打粉。

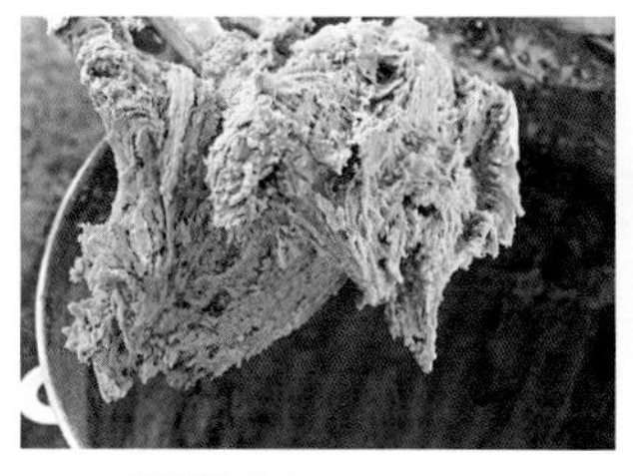

7. 一起搅拌均匀。

8. 先加入干果类配料。

9. 再加入巧克力豆一起混合均匀即可。

10. 桌面撒上手粉，将面团从搅拌盆中取出后略微整形。

11. 先搓成长条状。

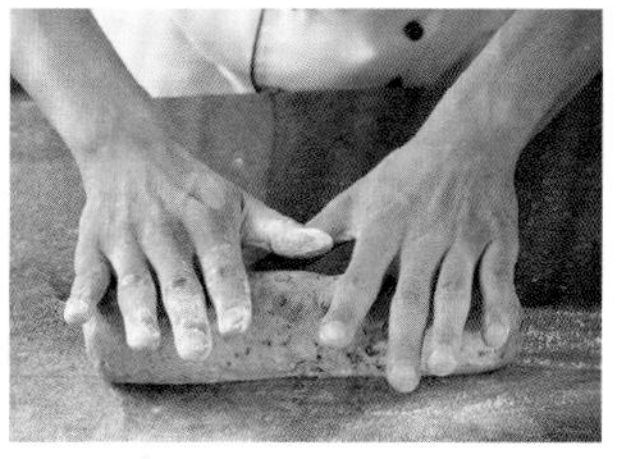

12. 若感觉到面团粘手，可再斟酌撒上一些手粉，再继续整形，直到搓成直径达4厘米即可。

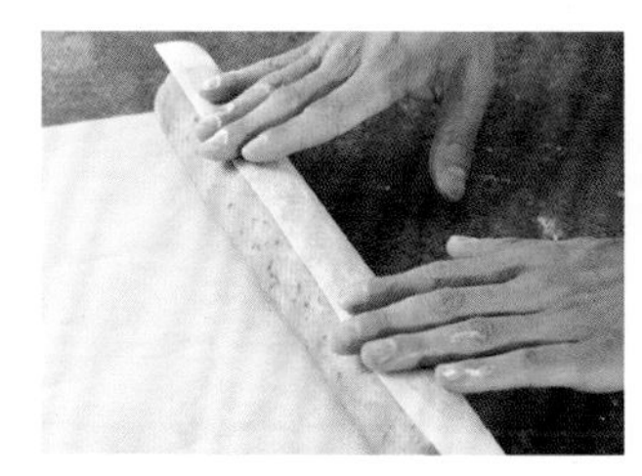

13. 用烘焙纸卷起，再放入冷冻库冰冻。

14. 取出后去除烘焙纸。

15. 切成0.8厘米厚度的片状，排放在铁盘上。将烤箱预热后，以170/150℃烤10分钟。再将温度调至150/150℃续烤15～18分钟即可出炉。

钻石饼干
Diamond Cookie

材料

黄油500克（50%）| 糖粉160克（16.2%）
香草精2克（0.2%）| 鸡蛋70克（7.1%）
高筋面粉250克（25.4%）| 泡打粉2克（0.2%）

装饰

细砂糖300克（93.8%）| 肉桂粉20克（6.2%）

做法

1. 黄油、糖粉、香草精一起打发至微发。再将鸡蛋分次加入拌匀乳化。
2. 再将粉类过筛加入拌匀即可。将面团从搅拌盆中取出，压至0.8厘米厚度的片状，冷藏松弛30分钟。
3. 将装饰用的细砂糖与肉桂粉混合拌匀。在松弛好的面团表面喷水，将肉桂糖均匀撒在面团上。使用直径4厘米的圆压模，压出数个饼干形状。
4. 放入烤箱中以170/150℃烤15分钟。再将温度调至150/150℃烤约15分钟即可出炉。

加入伯爵茶烘烤后的饼干香气更出色，是下午茶最好的选择！

伯爵茶杏仁饼干
Earl Grey Tea-Flavor Cookie

材料

黄油250克（24.3%）| 糖粉125克（12.1%）
细砂糖50克（4.9%）| 低筋面粉250克（24.3%）
杏仁粉275克（26.8%）| 泡打粉1克（0.1%）
伯爵茶粉17克（1.7%）| 蛋黄60克（5.8%）

做法

1. 将化黄油及糖粉、细砂糖打发至微发，再将蛋黄分次加入拌匀乳化。
2. 将所有粉类过筛加入拌匀后，将面团分割成若干个单个重量为15克的小面团。
3. 把小面团一一搓圆压平。
4. 先以170/150℃烤15分钟，再将温度调至150/150℃烤约10分钟即可出炉。

材料

无盐黄油240克（18%）| 黑糖180克（13.6%）
鸡蛋180克（13.5%）| 低筋面粉480克（36.1%）
全麦面粉120克（9%）| 杏仁碎130克（9.8%）
杏仁粒适量

做法

1. 将无盐黄油、黑糖打发至微发。将鸡蛋分次加入后拌匀。
2. 将全麦面粉、低筋面粉过筛后加入，拌匀。加入杏仁碎后拌匀。
3. 将面团分割为若干个单个重量为15克的面团，搓圆后压平。表面按入1粒杏仁。
4. 以170/150℃烤25分钟即可出炉。

黑糖杏仁饼干
Brown Sugar Almond Cookie

杏仁经过烘烤后的香气更加浓郁，再配上一杯热茶，是下午茶的最佳选择。
多了一份浪漫幻想的法式传统点心，滋味浓厚，口感酥脆，奶香味十足！

魔岩巧克力饼干

Magic Stone Chocolate Cookie

材料

黄油248克（25.7%）
细砂糖176克（18.3%）
盐1克（0.1%）
蛋黄55克（5.7%）
可可粉82.5克（8.6%）
橄榄油27.5克（2.9%）
低筋面粉344克（35.8%）
杏仁粉27.5克（2.9%）

装饰

牛奶巧克力适量
烤熟榛果粒适量

魔岩巧克力饼干

燕麦葡萄饼干

绿宝石开心果饼干

强烈浓郁的可可香气，巧克力与榛果巧妙融合，幻化成舌尖上最绝妙的体验。

做法

1. 将黄油、细砂糖、盐打发至微发。再分次加入蛋黄拌匀。
2. 分次加入橄榄油拌匀。最后将所有粉类过筛加入拌匀即可。
3. 面团分割成若干个单个重量为20克的小面团，搓圆压平。以170/150℃烤约15分钟后，使用擀面杖在面团中间压洞，再以150/150℃烤约10分钟即可。饼干待凉后，将融化的牛奶巧克力挤在饼干凹洞里，再放上榛果粒做装饰。

布列塔尼吉士饼干

Galette Bretonne

材料

黄油170克（14.7%）| 糖粉150克（13%）
蛋黄80克（7%）| 动物性鲜奶油80克（7%）
低筋面粉500克（43.5%）| 吉士粉170克（14.8%）

刷液

全蛋50克（44.3%）| 蛋黄50克（44.3%）
细砂糖2克（1.8%）| 盐1克（0.8%）
牛奶10克（8.8%）

多了一份浪漫幻想的法式传统点心，滋味浓厚，口感酥脆，奶香味十足！

做法

1. 搅拌盆中先放入黄油，再筛入糖粉。

2. 一起打到泛白，微发的程度。

3. 蛋黄分次加入后搅拌均匀。

4. 加入动物性鲜奶油拌匀。

5. 筛入粉类后拌匀成团。

6. 取出整形。

7. 将面团擀到1厘米厚，上下覆盖烘焙纸，冷藏松弛10分钟。（Tips1）

8. 准备好刷液的所有食材。

9. 倒入碗中。

10. 用打蛋器拌匀后过滤。

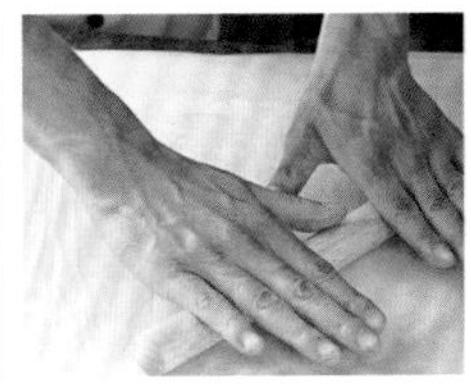

11. 面团松弛后取出，略微压薄。

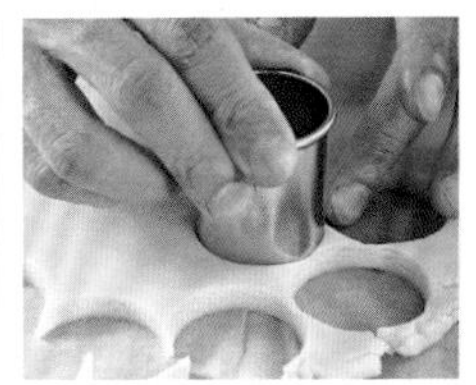

12. 用直径为4厘米的圆压模压出形状，排入烤盘中。

13. 表面刷上薄薄的蛋液。

14. 再用叉子割画出纹路。烤箱事先预热好，先以180/150℃烤12分钟，再将温度调至170/150℃烤13~18分钟，烤至呈金黄色即可出炉。（Tips2）

Tips

1 如果面团表面出油，表示温度太高，一定要冰过再使用。

2 叉子放在面团上，先以平行方向压一次、再换成垂直方向压一次，就能形成纹路。

莓果蛋白饼
Berry Meringue

材料

干燥蛋白粉18克（4.3%）
细砂糖250克（59.8%）
覆盆子果泥150克（35.9%）
干燥覆盆子粉适量

做法

1. 将蛋白粉、覆盆子果泥与1/2细砂糖一起打发。打发至发泡后再将1/2细砂糖加入，打到呈坚挺状态即可。
2. 用贝壳花嘴挤在硅胶垫上，并于表面撒上覆盆子粉。以90/90℃烤约一个晚上，烤至完全干燥即可。

绿宝石开心果饼干
Pistachio Cookie

材料

黄油200克（24.8%）｜糖粉（过筛）100克（12.5%）
盐2克（0.2%）｜香草精3克（0.4%）｜蛋黄20克（2.5%）
低筋面粉250克（31.1%）｜杏仁粉100克（12.4%）
开心果酱50克（6.2%）｜开心果碎80克（9.9%）

装饰

白巧克力适量｜开心果碎适量

做法

1. 将黄油、糖粉、盐、香草精一起打发至微发。再分次加入蛋黄拌匀。
2. 加入开心果酱，再加入低筋面粉、杏仁粉与开心果碎拌匀。
3. 面团分割成若干个单个重量为15克的面团，搓圆压平。以170/150℃烤约15分钟后，使用擀面杖在面团中间压洞，再以150/150℃续烤10～12分钟即可。饼干待凉后，将化白巧克力液挤在饼干凹洞里，再撒上开心果碎做装饰。

燕麦葡萄饼干
Oatmeal Raisin Cookie

材料

葡萄干60克（5.8%）| 无盐黄油300克（29.2%）
细砂糖180克（17.5%）| 盐2克（0.2%）
香草荚酱4克（0.6%）| 低筋面粉300克（29.2%）
燕麦片180克（17.5%）

做法

1. 先将葡萄干用水泡软、切碎备用。将无盐黄油、细砂糖、盐、香草荚酱一起打发至微发。再将燕麦片及葡萄干碎加入拌匀。
2. 将面粉过筛加入拌匀后，把面团分割成若干个单个重量为15克的小面团，搓圆压平。
3. 以170/150℃烤约25分钟，表面呈金黄色即可出炉。

酥软绵密的口感带着覆盆子果香，
吃起来微酸，别具风味。

覆盆子马卡龙
Raspberry Macaron

材料

马卡龙

细砂糖175克（25.6%）| 水42克（6.2%）
蛋清ⓐ64克（9.2%）| 塔塔粉少许
杏仁粉（马卡龙专用）175克（25.6%）
纯糖粉175克（25.6%）| 蛋清ⓑ50克（7.3%）
红色色素3克（0.5%）

覆盆子甘纳许

深黑巧克力125克（19.2%）
覆盆子果泥150克（23.1%）
动物性鲜奶油150克（15.4%）
牛奶巧克力275克（42.3%）

做法

1. 锅中放入细砂糖，再加入水，一起以中火煮。

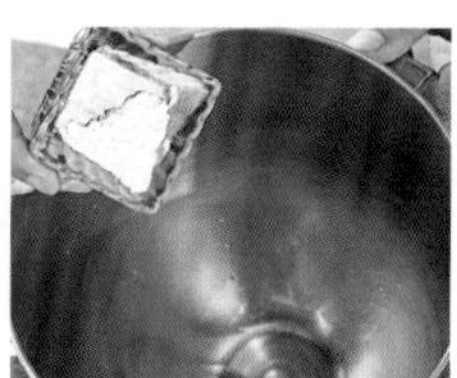

2. 擦干搅拌盆里的油脂还有水分，放入蛋清ⓐ、塔塔粉。

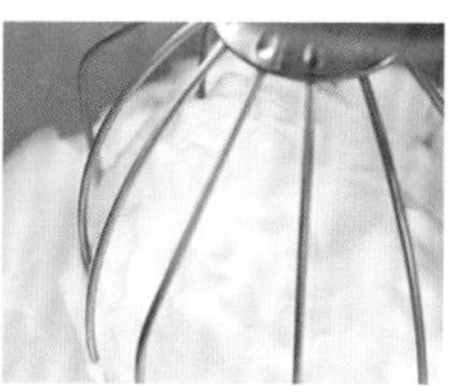

3. 打发均匀。

4. 将糖浆煮至116℃。

5. 趁热冲入打发的蛋清中。

6. 继续以快速打发到坚挺状态（形似鸟嘴状）。

7. 杏仁粉与纯糖粉一起过筛2次。

8. 将蛋清ⓑ、红色色素倒入过筛的粉里备用。

9. 打发好的蛋清放入步骤8的混合物中。

10. 用刮刀拌至滑顺的稠状。

11. 将面糊装入裱花袋中，使用平口裱花嘴挤出直径约3.5厘米的圆。

12. 再依序挤完，圆与圆之间要保持适当距离，以免烘焙后全部粘在一起。静置约30分，至不粘手即可。

13. 垫上两个烤盘后，放入已预热的烤箱中，以150/150℃烤约20分钟后，把一个铁盘抽出后调头，并调整温度到100/100℃继续烤约10分钟，摸外壳不会晃动即熟，马卡龙饼干即完成。（Tips1）

14. 准备好巧克力，隔水加热至化开。

15. 将果泥及鲜奶油一起煮沸。（Tips2）

16. 冲入已融化的巧克力液中，拌匀乳化。

17. 搅拌至呈甘纳许的状态。

18. 做好的甘纳许用保鲜膜封好，冰置一个晚上即可取出使用。把甘纳许挤在马卡龙上。

19. 将两片马卡龙微微地旋转合在一块，再一一完成即可。

Tips

1 使用两个烤盘，有助推迟受热时间，饼干的“蕾丝边”才会膨胀起来。

2 鲜奶油一定要煮沸，以免细菌残留。

口感扎实且带着果香，非常适合和热热的咖啡一同享用。

托斯卡尼杏仁饼
Cantuccini Toscani

材料

中筋面粉240克（35.5%）
抹茶粉10克（1.5%）
泡打粉10克（1.5%）
细砂糖100克（14.9%）
鲜奶80克（11.9%）
全蛋100克（14.9%）
蔓越莓干66.5克（9.9%）
杏仁碎66.5克（9.9%）

做法

1. 中筋面粉、抹茶粉、泡打粉、细砂糖、鲜奶及全蛋拌匀，再加入蔓越莓干及杏仁碎拌匀。
2. 将面团搓成长约45厘米后，表面擦上蛋清液，松弛15分钟。
3. 放入已预热的烤箱中，以190/190℃烤15～20分钟至表面上色后，取出后切成约1厘米厚的片状，再以150/150℃烤20分钟至全干即可。

简单的经典，充满奶油气息与可可风味，质地酥脆。

巧克力盐之花沙布列饼干
Chocolate Sable

材料

黄油150克（24%）| 二砂糖100克（16%）
细砂糖40克（6.4%）| 盐之花4克（0.6%）
香草精2克（0.3%）| 低筋面粉175克（28%）
可可粉30克（4.7%）| 小苏打粉5克（0.8%）
耐烤巧克力豆120克（19.2%）

做法

1. 将黄油、二砂糖、盐之花、香草精一起打发至微发。再把粉类过筛加入，拌匀成团。最后加入巧克力豆即可。
2. 将面团搓成直径3.5厘米的长柱状，放置冷冻冰硬。取出后切成约0.8厘米厚的片状；烤箱预热好。
3. 以170/150℃烤15分钟，再将温度调至150/150℃烤10～15分钟即可出炉。

原味沙布列饼干

Sable

酥松化口、香浓馥郁完美结合，
搭配热茶或咖啡，风味更细致、独特！

材料

无盐黄油90克（18.3%）｜糖粉62克（12.6%）
盐1.5克（0.3%）｜鸡蛋37克（7.5%）
低筋面粉177克（36.1%）｜高筋面粉22克（4.4%）
杏仁粉100克（20.4%）

做法

1. 将无盐黄油、糖粉过筛、盐一起打发至微发。再将鸡蛋分次加入拌匀乳化。
2. 粉类过筛加入，拌匀成团即可。将面团搓成直径为3.5厘米的长柱状，放置冷冻至变硬。取出后切成约0.8厘米厚的片状。
3. 放入已预热烤箱中以170/150℃烤15分钟，再将温度调至150/150℃烤10～15分钟即可出炉。

香草拿花饼干
Vanilla Cookie

黄油滋味丰富，对于喜欢入口即化口感的人来说，是一大享受！

材料

黄油285克（27.5%）| 糖粉142克（13.7%）| 鸡蛋1个（4.8%）
动物性鲜奶油128克（12.3%）| 低筋面粉428克（41.3%）
香草粉4克（0.4%）| 草莓果酱适量

做法

1. 搅拌盆中放入黄油，再倒入过筛的糖粉拌匀。

2. 将鸡蛋加入后搅拌均匀。

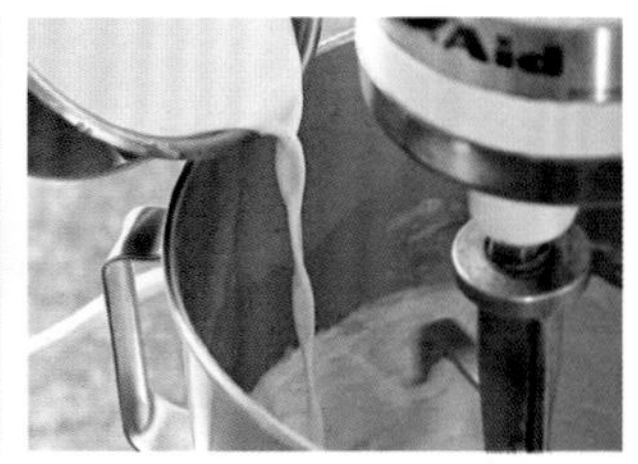

3. 动物性鲜奶油加热到40℃后，分次加入步骤2的混合物中拌匀。

4. 拌到奶油拉起时呈现一丝丝绒毛状、颜色泛白，即表示打到微发状态。

5. 筛入低筋面粉、香草粉，拌匀后，放入裱花袋中。

6. 使用菊花花嘴，以螺旋方式将面团一一挤在烤盘上，每个面团间要保持适当距离。

7. 在中间挤上一点草莓果酱。

8. 放入已预热好的烤箱中，以170/150℃烤30分钟。

核桃脆片
Walnut Shortbread

材料

细砂糖250克（42%）｜中筋面粉50克（9.1%）
核桃碎150克（27.2%）｜蛋白50克（9.1%）
香草酱2克（0.3%）｜焦糖爆米花50克（9.1%）

装饰

杏仁片适量

做法

1. 将细砂糖、中筋面粉、蛋白、香草酱混合，搅拌成面糊状。再将核桃碎及焦糖爆米花加入拌匀，烤箱预热好。
2. 用汤匙挖取适量的面糊铺在烤盘上。杏仁片撒在表面做装饰。
3. 以170/150℃烤至金黄色即可。

杏仁瓦片
Almond Tuile

材料

蛋白100克（11.8%）｜细砂糖150克（17.6%）
鸡蛋80克（9.4%）｜低筋面粉100克（11.8%）
黄油70克（8.2%）｜杏仁片350克（41.2%）

做法

1. 将蛋白、细砂糖、鸡蛋拌匀，再将低筋面粉过筛加入拌匀。
2. 黄油融化至40℃后加入拌匀。最后加入杏仁片即可。
3. 用汤匙挖取适量的面糊铺在烤盘上。
4. 手沾些少许的水将面糊拍薄。
5. 烤箱预热好，以170/150℃烤至呈金黄色即可。

蓝莓挞

Bluberry Tart

经典的超人气甜点，每一口都能品尝到蓝莓的顶尖美味。

材料

挞皮

黄油156克（25.2%）| 糖粉（过筛）85克（13.3%）

盐3克（0.5%）| 全蛋50克（7.2%）

杏仁粉83克（13%）| 低筋面粉260克（40.8%）

杏仁生料

糖粉80克（26.2%）| 杏仁粉80克（26.2%）

朗姆酒15克（4.9%）| 黄油80克（26.2%）

蛋50克（16.5%）

卡士达

香草荚1/2条（0.1%）| 蛋黄28克（11.4%）

细砂糖32克（13.1%）| 低筋面粉8克（3.3%）

过筛后的玉米粉11克（4.4%）

牛奶154克（62.9%）| 黄油12克（4.8%）

装饰

新鲜蓝莓适量 | 卡士达适量

防潮糖粉、巧克力、金箔适量

挞皮制作

做法

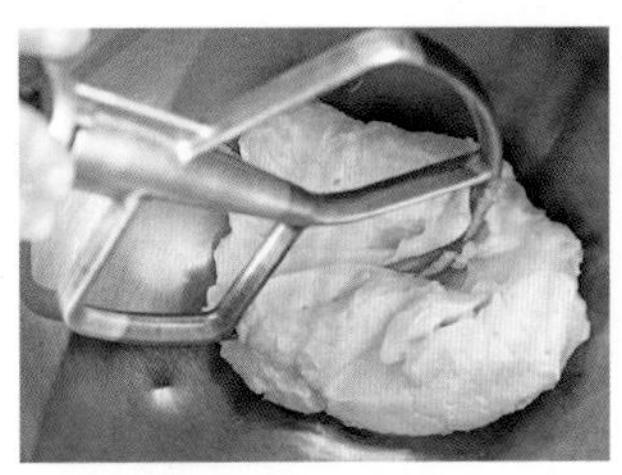

1. 搅拌盆中先放入黄油。

2. 再放入过筛后的糖粉，再放入盐，以浆状搅拌器略微搅拌。

3. 倒入蛋液，再加入杏仁粉，筛入低筋面粉后以慢速搅拌均匀。

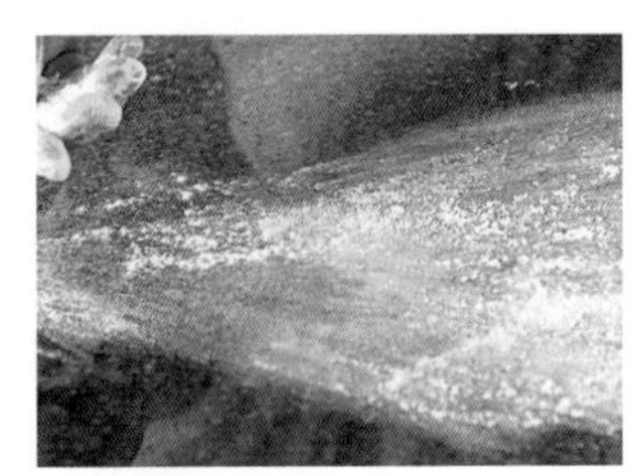

4. 桌面先撒上高筋面粉作为手粉。

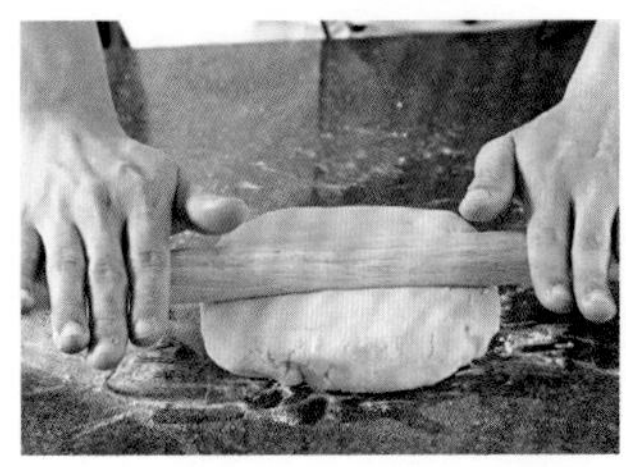

5. 取出面团，略微整形，用擀面杖擀压至厚度约0.5厘米的大面片后，置于冰箱中松弛约15分钟。

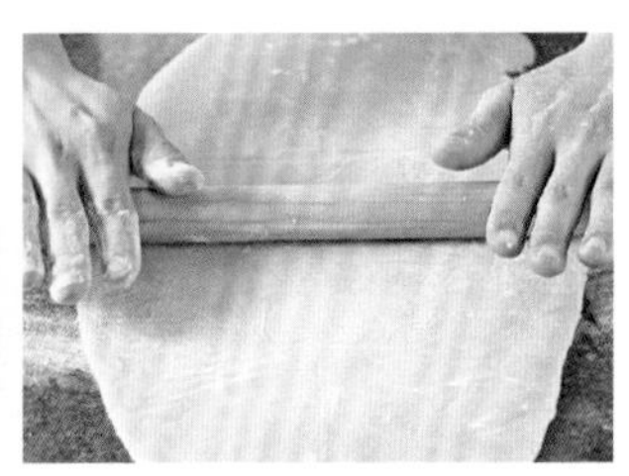

6. 取出后，再以擀面杖略微压平。

7. 以直径9厘米的压模压出形状。

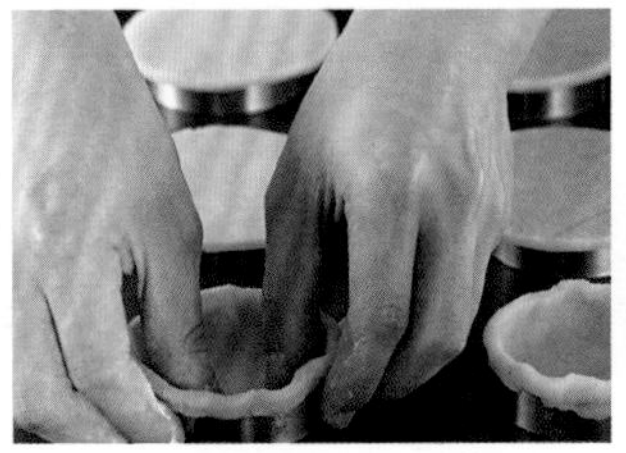

8. 再一一放到直径为8厘米的模具上，压入模具中。

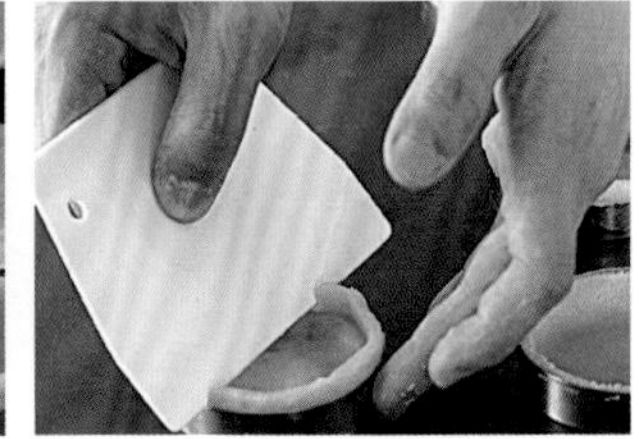

9. 把表面多余的部分刮除。

杏仁生料制作（使用模具：挞模直径7厘米）

做法

10. 将所有材料准备好。

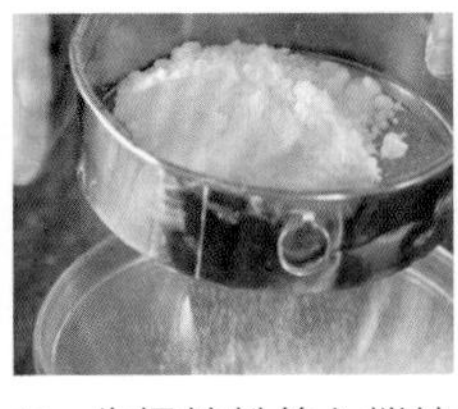

11. 先把糖粉筛入搅拌盆后，再加入杏仁粉、倒入朗姆酒。

12. 将所有食材搅拌均匀。

组合

13. 将杏仁生料放入裱花袋中，以由中心绕到外围的方式，挤入挞皮中，每个大约六分满即可。

14. 放入已预热的烤箱中，先以170/140℃烤约15分钟，再把烤模掉头降温后，续烤约20分钟即可取出。将香草荚划一刀。

卡士达制作（使用模具：挞模直径7厘米）

15. 取出其中的香草籽。

16. 搅拌盆中放入蛋黄、细砂糖、低筋面粉、玉米粉后，以打蛋器拌匀。

17. 将牛奶、香草籽煮沸。

18. 从锅边过筛冲入步骤16的混合物中拌匀。

19. 改以中大火煮到浓稠。

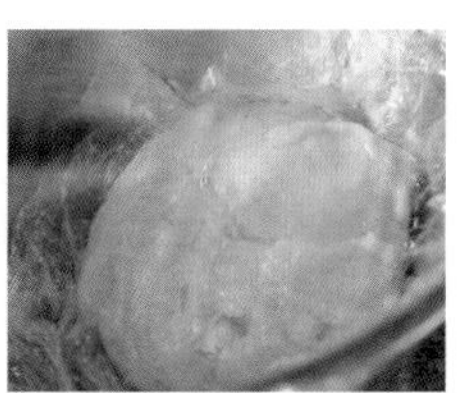

20. 加入黄油拌匀后，过筛待凉2～3小时即可。

装饰

21. 于杏仁挞壳上，以由中心绕至外围的方式，挤上卡士达。

22. 再以由外围到中心的顺序，摆上蓝莓。

23. 并依序完成其他。

24. 撒上适量防潮糖粉。

25. 再以巧克力及金箔做装饰即完成。

奶酪挞
Cheese Tart

干酪风味浓厚，搭配金黄微焦的挞皮，
吃进去的每一口都是大大的满足！

材料

挞皮

黄油156克（25.2%）| 糖粉85克（13.3%）| 盐3克（0.5%）| 全蛋50克（7.2%）| 杏仁粉83克（13%）| 低筋面粉260克（40.8%）

奶酪馅

奶油奶酪500克（54.1%）| 细砂糖125克（13.5%）| 动物性鲜奶油150克（16.3%）| 无盐黄油50克（5.4%）| 香草荚1/2根 | 蛋黄50克（5.4%）| 枫糖30克（3.3%）| 柠檬汁10克（1.1%）| 黑朗姆酒8克（0.9%）

装饰

杏桃果胶适量 | 开心果碎、草莓、蓝莓、橘子条、巧克力片、金箔各适量

挞皮制作

做法

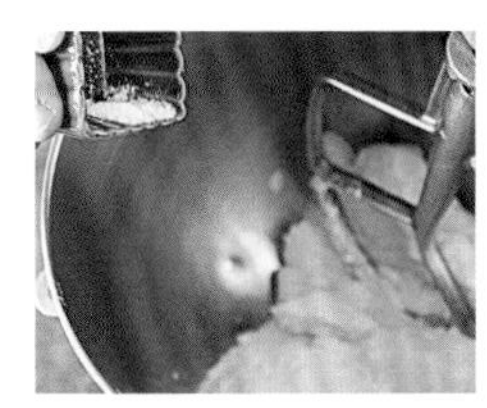

1. 搅拌盆中先放入黄油，再放入过筛后的糖粉，放入盐略微搅拌。

2. 倒入蛋液、加入杏仁粉，再筛入低筋面粉以慢速拌匀。

3. 以高筋面粉作为手粉。

4. 取出面团后略微整形，再用擀面杖擀压至厚度约0.5厘米，置于冰箱中松弛约15分钟。

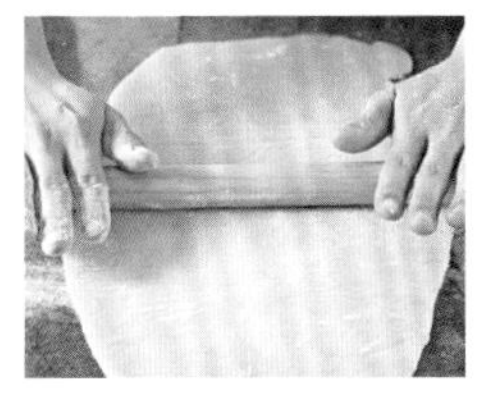

5. 取出后用擀面杖擀成薄片。

6. 以直径为9厘米的压模压出形状。

7. 再一一放到直径为8厘米的模具上。把每个挞皮分别压入模型中。

8. 刮除表面多余的部分。

9. 用叉子均匀戳洞。

10. 将挞皮压入挞模中后，先放入一张烤盘纸，再铺上可以防止挞皮变形的红豆粒，以150/150℃烤30~35分钟。

11. 将挞皮烤熟至呈现金黄色后即可取出，并拿掉烤盘纸、红豆粒。

12. 在每一个烤熟的挞壳内圈，都均匀涂上黑巧克力液备用。(Tips)

Tips

黑巧克力可以发挥隔绝效果。

奶酪馅制作

做法

13. 将奶油奶酪先放于常温中至软化。

14. 锅中放入细砂糖、动物性鲜奶油、无盐黄油、香草荚取籽一起煮沸。

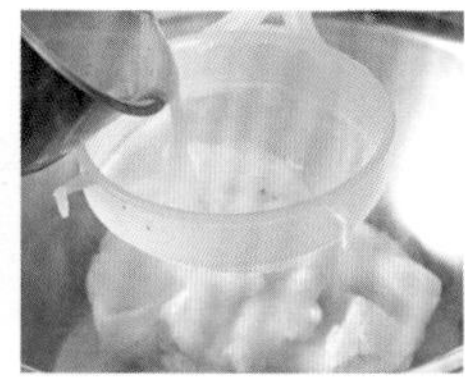
15. 将步骤14的混合物冲入步骤13的混合物中。

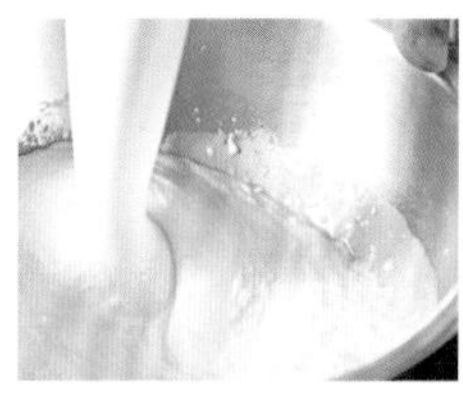
16. 用均质机上下画圈打均匀（若无均质机，只要搅拌到没有颗粒过筛即可）。

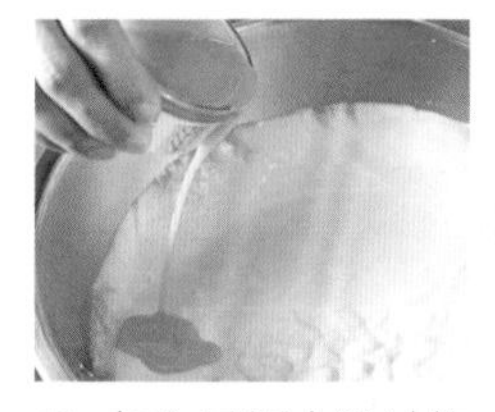
17. 加入已隔水温过的蛋黄略微搅拌。（Tips）

18. 再加入枫糖、柠檬汁、黑朗姆酒。

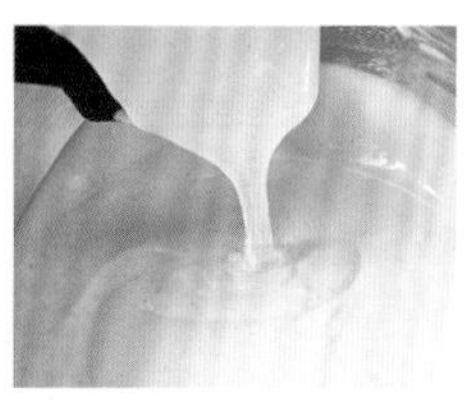
19. 以均质机再次拌匀，过筛后即可装入裱花袋中。

Tips

如果蛋没有先温过，奶酪会结粒。

组合和装饰

做法

20. 以由中心绕至外围的方式，将奶酪馅挤入原味挞壳中，大约九分满，稍微敲一下、排掉空气，排放在烤盘上。

21. 烤盘中倒入约0.5厘米高的水量，以150/150℃烤约30分钟，再将烤盘掉头，以150/150℃烤约25分钟，取出。

22. 刷上杏桃果胶。

23. 周围铺上开心果碎。

24. 再依序放上草莓、蓝莓、橘子条、巧克力片、金箔等做装饰即可。

芙蓉葡式蛋挞

Portuguese Egg Tart

材料

挞皮

黄油156克（25.2%）| 糖粉85克（13.3%）

盐3克（0.5%）| 低筋面粉260克（40.8%）

杏仁粉83克（13%）| 全蛋50克（7.2%）

蛋液

鲜奶90克（10.7%）| 细砂糖100克（11.9%）

鸡蛋50克（6%）| 蛋黄100克（11.9%）

动物性鲜奶油500克（59.5%）

挞皮做法请参考 P136 缤纷水果挞

使用模具：蛋挞模直径 8 厘米

蛋液制作（使用模具：蛋挞模直径8厘米）

做法

1. 锅中倒入鲜奶与细砂糖加热至65℃。

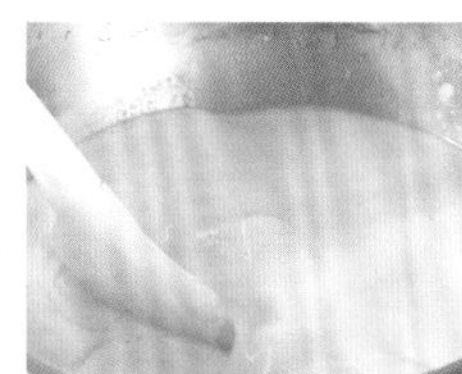

2. 冲入已经拌匀的鸡蛋与蛋黄中，使用打蛋器打散。

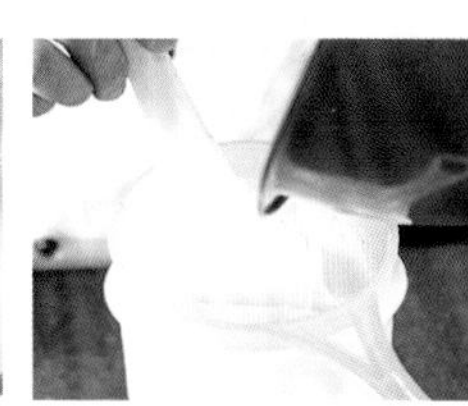

3. 再加入动物性鲜奶油拌匀、过滤即可。

4. 挞皮放入挞模中，中间以叉子戳洞，边缘用叉子压出花纹，并一一完成其他。

5. 将蛋液倒入挞模中约九分满。烤箱事先预热好，以210/200℃烤12～15分钟，表面开始上色后，将温度调至180/180℃再烤15～20分钟即可。放凉后即可脱模。

酥脆的挞皮搭配滑嫩的布丁馅料，
带来双重享受。

布丁挞
Custard Tart

材料

挞皮

黄油156克（25.6%）| 糖粉56克（9.2%）
盐3克（0.5%）| 蛋50克（8.2%）
杏仁粉83克（13.7%）| 低筋面粉260克（42.8%）

内馅

卡夫奶酪68克（8%）| 全蛋150克（17.6%）
细砂糖45克（5.2%）| 低筋面粉15克（1.8%）
玉米粉15克（1.8%）| 干酪粉12克（1.4%）
牛奶400克（47.2%）| 动物性鲜奶油90克（10.6%）
香草荚1/2条（0.1%）| 奶油53克（6.3%）

装饰

杏桃果胶适量 | 开心果碎、金箔适量

挞皮制作

做法

1. 搅拌盆中先放入黄油，再放入过筛后的糖粉以及盐，略微搅拌。

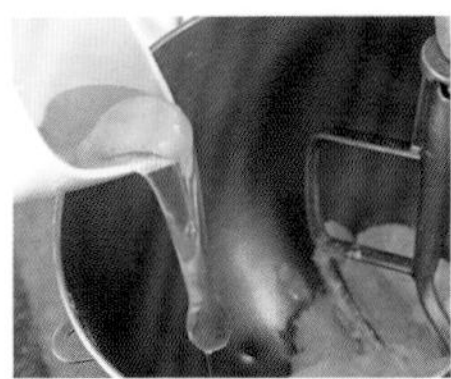

2. 倒入蛋液。

3. 再加入杏仁粉、筛入低筋面粉。

4. 以慢速拌匀。

5. 以高筋面粉作为手粉，取出面团后略微整形。

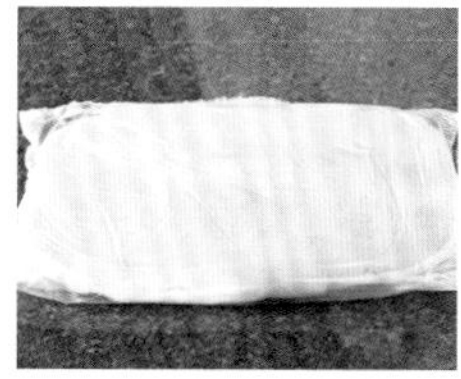

6. 用擀面杖擀压至厚度约0.5厘米厚的片，放到冰箱中，松弛约15分钟。

7. 取出后以擀面杖擀压平。将压模准备好面团以直径15厘米的压模压出形状。

8. 再一一放入直径8厘米、高度3厘米的模具中。把挞皮分别压入模型中，并刮除表面多余的部分。将挞皮压入塔模中后，放张烤盘纸、铺上红豆粒，防止挞皮变形，放入已预热的烤箱中，以150/150℃烤30～35分钟，将挞皮烤熟至金黄色，取出。

内馅制作

做法

9. 将卡夫奶酪放于常温中至软。搅拌盆放入全蛋、细砂糖、低筋面粉、玉米粉、干酪粉等。

10. 用打蛋器拌匀。

11. 将牛奶、动物性鲜奶油、香草荚、奶油、卡夫奶酪一起煮至沸腾。（Tips）

12. 将步骤12的混合物过筛冲入步骤11的混合物中，搅拌均匀后过筛。

Tips

若没煮沸的话，搅拌时容易将其他食材烫熟。

组合和装饰

做法

13. 将内馅倒入原味挞壳中，一个约120g。以210/180℃烤约15分钟，再将烤盘调整方向，以180/180℃烤约20分钟后取出。

14. 刷上杏仁果胶，放上开心果碎、金箔即可。

巧克力焦糖覆盆子挞

Chocolate Raspberry Tart

材料

巧克力挞皮

黄油150克（24.6%）| 糖粉110克（18.1%）
杏仁粉32克（5.3%）| 香草精1克（0.2%）
盐1克（0.2%）| 全蛋55克（9%）
低筋面粉210克（34.4%）| 可可粉50克（8.2%）

内馅

细砂糖65克（10.6%）| 白麦芽糖45克（7.4%）
动物性鲜奶油125克（20.5%）
覆盆子果泥125克（20.5%）
调温黑巧克力150克（24.6%）
调温牛奶巧克力100克（16.4%）

装饰

新鲜覆盆子适量 | 杏桃果胶适量
开心果粒适量

巧克力挞皮制作

做法

1. 将粉类材料过筛。

2. 所有材料以慢速拌匀。

3. 取出后略微整形，并以擀面杖擀压至厚度约0.5厘米。

4. 放入冰箱中，松弛约15分钟。

5. 用直径9厘米的圆形模压出形状。

6. 一边旋转一边压入直径7厘米的挞模中，以刮刀正反两次刮除多出的挞皮后，铺上烤盘纸，上面放上红豆粒。

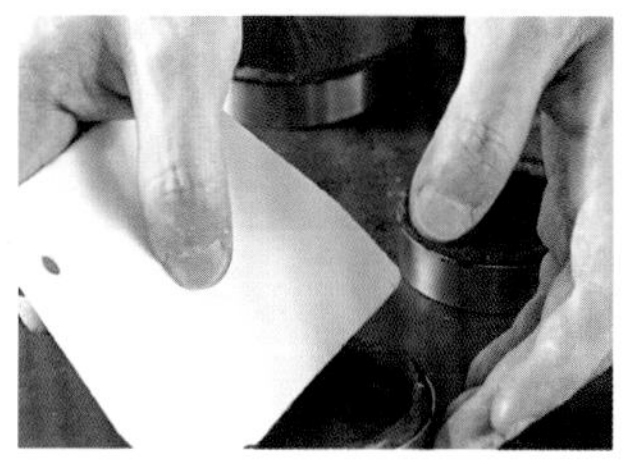

7. 放入已预热的烤箱中，以150/150℃烤约20分钟，再调整烤盘方向，以150/150℃烤5~8分钟。

内馅制作

做法

8. 将动物性鲜奶油、白麦芽糖煮沸后备用，将细砂糖煮至焦化。（Tips）

9. 将煮沸的鲜奶油冲入焦糖液中拌匀，继续加热至完全融在一起后，冲入调温黑巧克力、调温牛奶巧克力中拌匀。

10. 再加入覆盆子果泥。

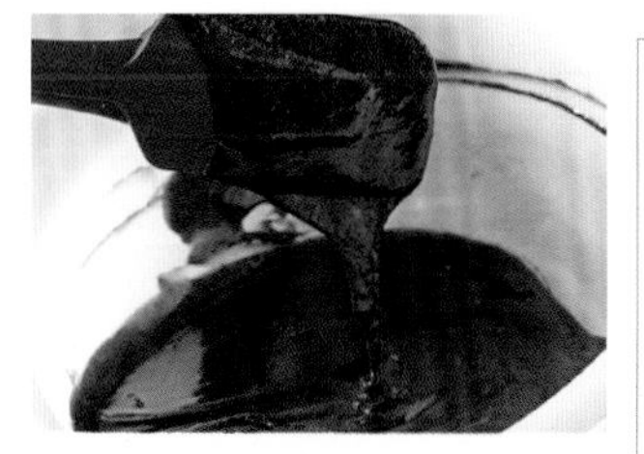

11. 以画8字的方法拌匀乳化，即成内馅。

Tips

焦糖用铜锅煮，较不容易烧焦。一开始煮的时候不能搅拌，不然会产生结晶，稍微溶化后再摇锅，煮到变琥珀色。

组合和装饰

1. 将内馅灌入烤熟挞皮中约九分满，放置冷藏2小时。
2. 刷上杏桃果胶，放上覆盆子、开心果粒做装饰。

柠檬挞

Lemon Tart

材料

挞皮

黄油156克（25.6%）｜糖粉56克（9.2%）
盐3克（0.5%）｜鸡蛋50克（8.2%）
杏仁粉83克（13.7%）｜低筋面粉260克（42.8%）

柠檬奶馅

全蛋100克（22.1%）｜细砂糖ⓑ60克（13.3%）
柠檬皮20克（4.3%）｜柠檬汁90克（19.9%）
细砂糖ⓐ65克（14.4%）｜吉利丁2.5克（0.6%）
黄油95克（21%）

装饰

开心果碎、金箔适量

挞皮制作

做法

1. 搅拌盆中先放入黄油，再放入过筛后的糖粉。

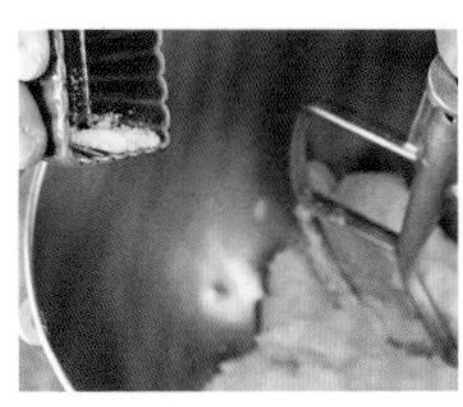

2. 加盐略微搅拌。

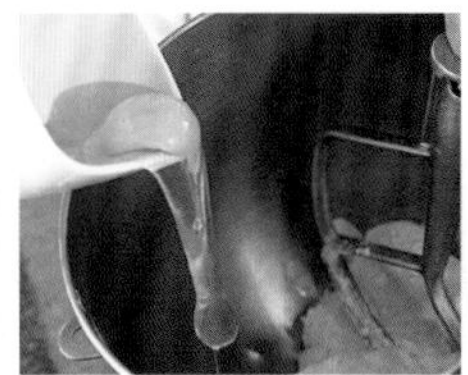

3. 倒入蛋液、加入杏仁粉。

4. 筛入低筋面粉。

5. 以慢速拌匀。

6. 以高筋面粉作为手粉，取出面团。

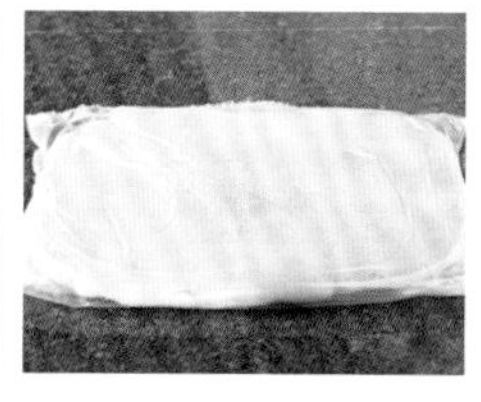

7. 略微整形，再用擀面杖擀压至厚度约0.5厘米，置于冰箱中松弛约15分钟。

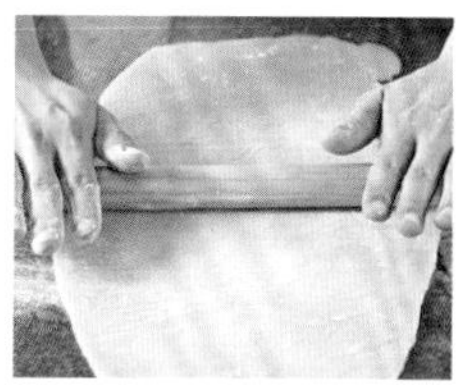

8. 取出后，再以擀面杖擀压。

9. 准备好压模。用直径为15厘米的压模压出形状。

10. 再一一放入直径为8厘米、高度为3厘米的模具中。把挞皮分别压入模型中，刮除表面多余的部分。

11. 用叉子均匀戳洞。

12. 铺上烤盘纸、放上红豆粒。放入已预热的烤箱中，以150/150℃烤约20分钟，再将烤盘调整方向，以150/150℃烤5~8分钟。

柠檬奶馅制作

做法

13. 以打蛋器将全蛋、细砂糖ⓑ拌匀。

14. 将柠檬皮、柠檬汁、细砂糖ⓐ一起煮至微微沸腾。

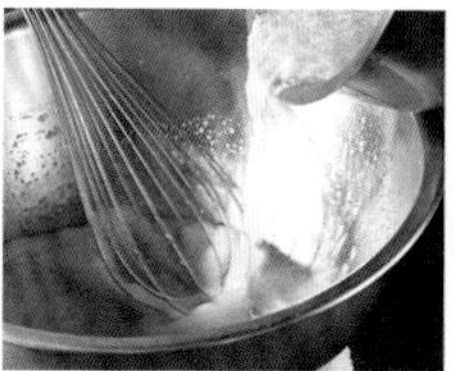

15. 将步骤14的混合物冲入步骤13的混合物中拌匀，回煮变稠，温度升至82℃。

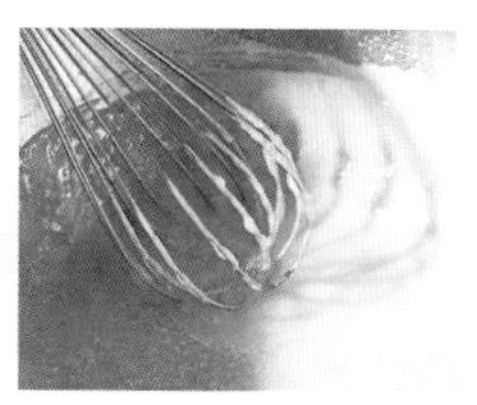

16. 降温后，加入泡软的吉利丁拌匀。再加入黄油拌匀后过筛。

组合和装饰

做法

17. 将柠檬奶馅挤于原味挞壳中，再用刀抹平修饰，冷藏3小时。

18. 周围放上开心果碎、中间放上金箔做装饰。

香橙马芬蛋糕
Orange Muffin

没有复杂的制作步骤，
新手也能做出的美味甜点。

材料

腌渍橘子条150克(11%)|鸡蛋250克(18.4%)|细砂糖280克(20.7%)
低筋面粉280克(20.7%)|泡打粉15克(1.1%)|色拉油280克(20.7%)
鲜奶(可用鲜奶油取代)100克(7.4%)|杏桃果胶适量|装饰水果适量

做法

1. 准备好腌渍橘子条,切丁。

2. 将鸡蛋与细砂糖倒入搅拌盆中。

3. 使用桨状拌打器以慢速打发至泛白。将低筋面粉过筛。

4. 与泡打粉一起过筛加入拌匀。

5. 色拉油加热至微温后分次加入,再加入鲜奶、橘子丁。

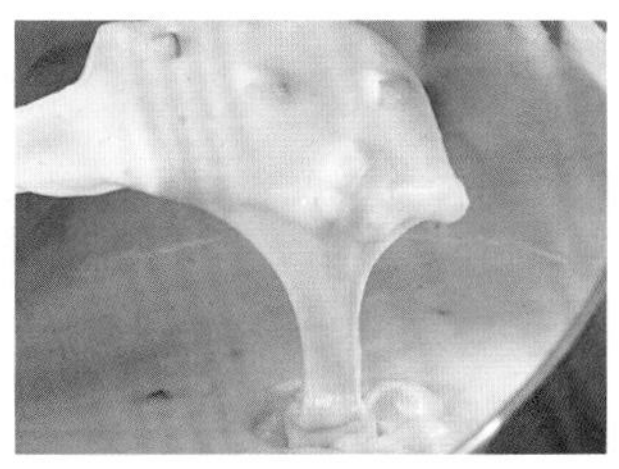

6. 搅拌均匀后,倒入裱花袋中。

7. 将面糊一一灌入耐烤杯中。

8. 大约六分满(约55克)。烤箱事先预热,以200/150℃烤10分钟后将温度调至170/150℃烤10~15分钟,以指腹轻轻按压蛋糕表面会回弹即可出炉。

9. 待凉,表面刷上杏桃果胶、放上装饰水果即可。

材料

栗子馅

有糖栗子泥（外观色泽较黑）200克（55.2%）｜无糖栗子泥100克（27.6%）
动物性鲜奶油35克（9.7%）｜无盐黄油20克（5.5%）｜干邑橙酒5克（1.4%）
香草精2克（0.6%）

卡士达馅

香堤馅

动物性鲜奶油500克｜细砂糖30克

装饰

糖渍栗子粒适量｜果胶适量｜金箔适量｜防潮糖粉适量

原味挞皮、杏仁生料、卡士达酱：材料与做法，请参考 P115 蓝莓挞

栗子馅制作

做法

1. 搅拌盆中放入有糖栗子泥、无糖栗子泥。

2. 揉捏混合均匀。

3. 加入煮至40℃的动物性鲜奶油。

4. 加入无盐黄油。

5. 倒入干邑橙酒、香草精。

6. 所有材料使用均质机拌匀，再以搅拌棒拌匀。

7. 放入裱花袋中备用。（Tips）

8. 于杏仁挞壳上挤卡士达酱。

组合和装饰

9. 放上糖渍栗子。

10. 以环绕方式，绕着卡士达挤上香堤馅。

11. 最后利用抹刀由下往上抹。

12. 绕着香堤馅，以螺旋方式挤上栗子馅。

13. 再撒上适量的防潮糖粉，并于顶端放上糖渍栗子。

14. 擦上果胶。

15. 点上金箔。

16. 最后放上巧克力卷即可。

Tips

冷藏3天的话，口感会更细腻。

酥脆的挞皮，充满鲜奶油的香堤馅，再搭配新鲜的水果，让每一口都有着不同的感受。

加拿大枫糖挞
Canada Maple Sugar Tart

材料

挞皮

黄油156克（25.6%）| 糖粉56克（9.2%）
盐3克（0.5%）| 鸡蛋50克（8.2%）
杏仁粉83克（13.7%）| 低筋面粉260克（42.8%）

内馅

蛋黄85克（15.2%）| 低筋面粉14克（2.5%）
香草荚（可用香草精取代）1/2条（0.1%）
鲜奶118克（21.1%）| 动物性鲜奶油90克（16.1%）
酸奶28克（4.9%）| 枫糖浆200克（35.8%）
吉利丁片10克（1.8%）| 无盐黄油14克（2.5%）

香堤馅

动物性鲜奶油500克 | 细砂糖30克

装饰

香堤馅、防潮糖粉各适量 | 橘子条适量
新鲜覆盆子、草莓各适量 | 开心果粒适量
金箔适量

挞皮制作

做法

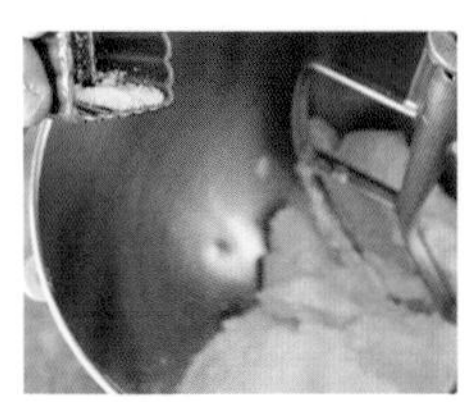

1. 搅拌盆中先放入黄油、过筛后的糖粉后，加盐略微搅拌。

2. 倒入蛋液、加入杏仁粉、筛入低筋面粉，以慢速拌匀。

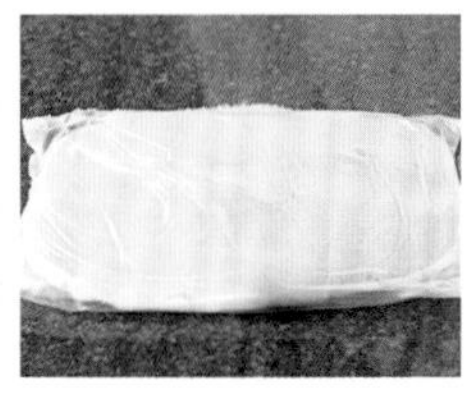

3. 以高筋面粉作为手粉，取出面团后略微整形。用擀面杖擀压至厚度约0.5厘米，置于冰箱中松弛约15分钟。

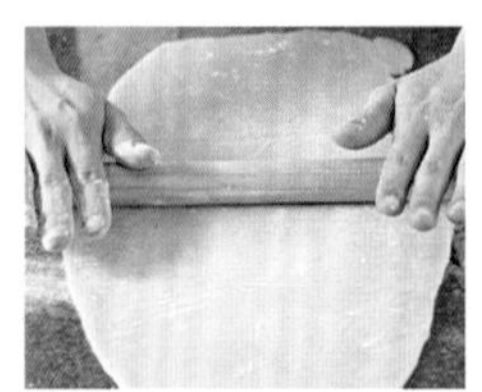

4. 取出后，用擀面杖擀成薄片。

5. 准备好压模，用直径为9厘米的压模压出形状。

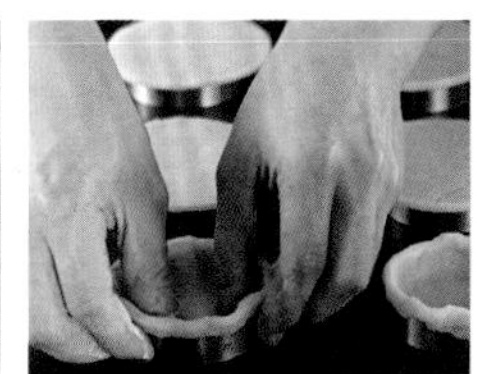
6. 再一一放入直径为7厘米的模具中。把每个挞皮分别压入模具中。

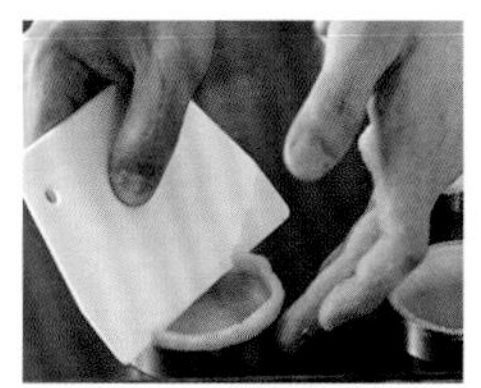
7. 刮除表面多余的部分。放入已预热的烤箱中，以150/150℃烤约20分钟，再将烤盘翻转方向，以150/150℃烤5~8分钟。

8. 挞壳烤熟后在内圈擦上蛋黄液，放回烤箱烤约1分钟烤干即可。

内馅制作（使用模具：挞模直径约为7厘米）

做法

9. 将蛋黄、过筛的低筋面粉用打蛋器拌匀。

10. 从香草荚中取出香草籽。

11. 将鲜奶、动物性鲜奶油、酸奶、香草籽煮热后一边搅拌，一边过筛冲入煮滚的枫糖浆。以中小火加热至浓稠，过程中要一直搅拌。再加入泡软的吉利丁片拌匀。

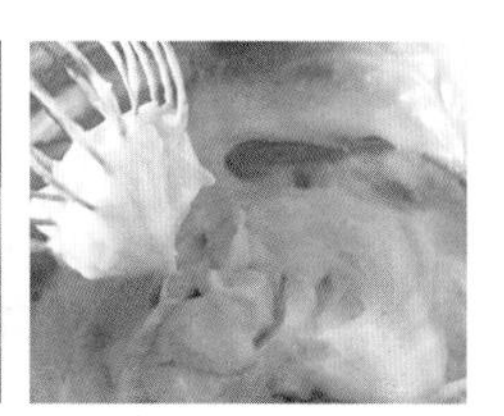
12. 最后加入无盐黄油拌匀即可。隔着冰水搅拌可加速降温。

香堤馅制作　　组合和装饰

做法

13. 将鲜奶油与细砂糖混合打发即为香堤馅。将内馅装入裱花袋中，并挤于原味挞壳中，放入冷藏冰3小时后取出。挤上香堤馅鲜奶油。

14. 撒上防潮糖粉，再装饰上草莓、橘子条、覆盆子、开心果粒，再抹上杏桃果胶。

15. 最后放上金箔做装饰。

满满坚果的蜂蜜坚果挞在家中就可以轻松做。

蜂蜜坚果挞

Honey Nut Tart

材料

挞皮

黄油156克（25.6%）| 糖粉56克（9.2%）
盐3克（0.5%）| 低筋面粉260克（42.8%）
鸡蛋50克（8.2%）| 杏仁粉83克（13.7%）

内馅

细砂糖63克（10.1%）| 水22克（3.9%）
动物性鲜奶油100克（16.3%）| 蜂蜜40克（6.5%）
二砂糖75克（12.3%）| 盐之花1克（0.2%）
无盐黄油80克（13%）| 可可脂5克（0.8%）
杏仁粒75克（12.3%）| 核桃碎75克（12.3%）
榛果粒75克（12.3%）

装饰

糖酥适量 | 防潮糖粉适量 | 甘纳许适量
镜面果胶适量 | 金箔适量

挞皮制作

做法

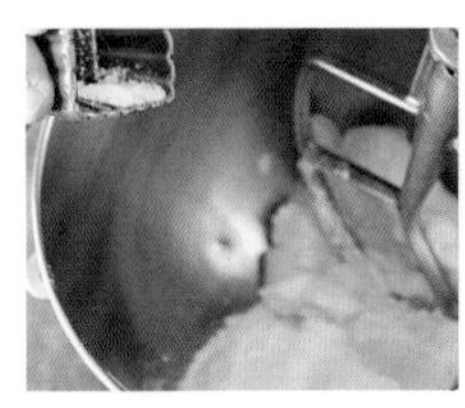

1. 搅拌盆中先放入黄油、过筛后的糖粉后，加盐略微搅拌。

2. 倒入蛋液、加入杏仁粉、筛入低筋面粉，以慢速拌匀。

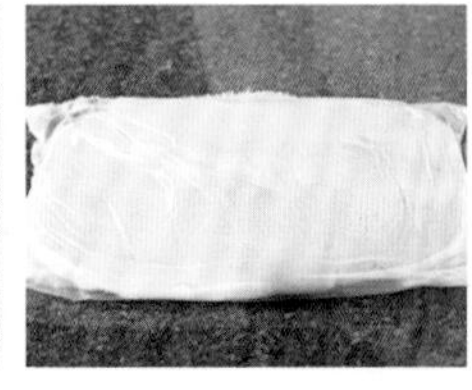

3. 以高筋面粉作为手粉，取出面团后略微整形。用擀面杖擀压至厚度约0.5厘米，置于冰箱中松弛约15分钟。

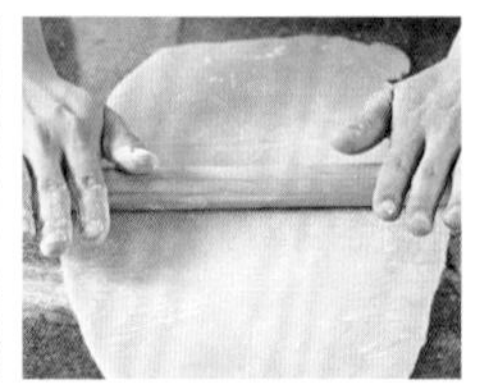

4. 取出后，用擀面杖擀成薄片。

5. 准备好压模，用直径为9厘米的压模压出形状。

6. 再一一放入直径为7厘米的模具中。把每个挞皮分别压入模具中。

7. 刮除表面多余的部分。放入已预热的烤箱中，以150/150℃烤约20分钟，再将烤盘翻转方向，以150/150℃烤5~8分钟。

8. 挞壳烤熟后在内圈擦上蛋黄液，放回烤箱烤约1分钟烤干即可。

内馅制作（使用模具：挞模直径7厘米）

做法

9. 将所有坚果切碎备用。将细砂糖、水煮至焦化。（Tips）

10. 将动物性鲜奶油加热后，慢慢倒入糖水锅中拌匀（倒入过程会看到起泡反应）。一边持续搅拌，一边依序加入蜂蜜、二砂糖、盐之花、无盐黄油，煮至105℃。测温时，测温要对准中间位置。

11. 加入坚果拌匀。离火，加入可可脂拌匀即可。

Tips

先在煮锅中装水后，加入砂糖，稍微摇晃锅子让糖充分沾水再煮；一开始不搅拌，以免产生结晶。煮焦糖的过程中，会看到起泡→冒烟→变色→再起泡等反应，煮到最后变成琥珀色为止，最后离火时的温度是80~90℃。

组合和装饰

做法

12. 用叉子将内馅填入原味挞壳中，并且一一完成。

13. 准备好糖酥，用糖酥装饰四周后稍微压一下。

14. 撒上防潮糖粉、挤上甘纳许。

15. 摆上巧克力烟卷，中间点上镜面果胶、放上金箔装饰即可。

缤纷水果挞
Colorful Fruit Tart

一口咬下，就能将香酥派皮、卡士达酱与新鲜水果完美结合。

材料

挞皮

黄油52克（25.2%）| 糖粉28克（13.3%）| 盐1克（0.5%）
全蛋18克（7.2%）| 杏仁粉28克（13%）| 低筋面粉88克（40.8%）

卡士达

蛋黄28克（11.4%）| 细砂糖32克（13.1%）| 低筋面粉8克（3.3%）
玉米粉11克（4.4%）| 牛奶154克（62.9%）| 香草荚1/2条（0.1%）
黄油12克（4.8%）

装饰

新鲜水果（猕猴桃、草莓、蓝莓、水蜜桃）适量 | 卡士达酱适量 | 镜面果胶适量

挞皮制作

做法

1. 挞模先喷上防粘油。搅拌盆中先放入黄油，再放入过筛后的糖粉后，放入盐略微搅拌，再倒入蛋液，加入杏仁粉、筛入低筋面粉，以慢速拌匀。

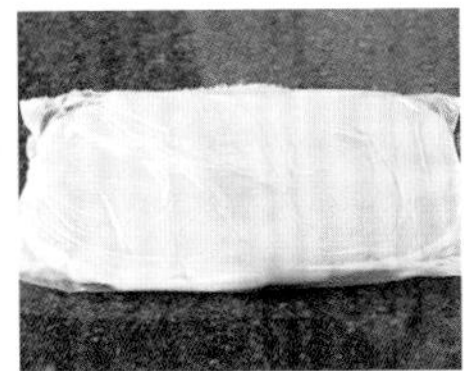

2. 以高筋面粉作为手粉，取出面团略微整形后，用擀面杖擀压至厚度约0.5厘米。置于冰箱中松弛约15分钟。

3. 取出后再以擀面杖擀压，并将压模准备好。面团以直径9厘米的压模压出形状。

4. 再一一放入挞模中，并用手稍微压入整形。放入已预热好的烤箱中，以150/150℃烤30～35分钟，将挞皮烤至金黄色后，一一从模具里脱模后备用。

卡士达制作（使用模具：蛋挞模直径为8厘米）

做法

5. 从香草荚中取出香草籽。

6. 搅拌盆中加入蛋黄、细砂糖，并筛入低筋面粉、玉米粉后，以打蛋器拌匀。锅中放入牛奶、香草籽一起煮沸后，筛入糊状物中拌匀。

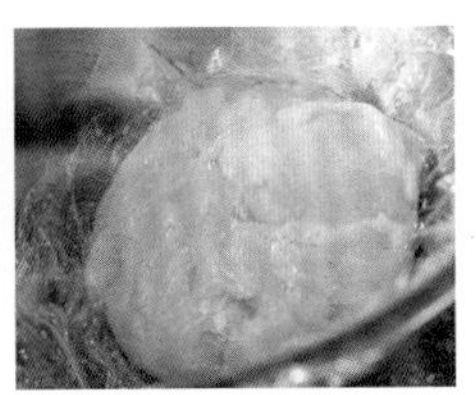

7. 以中大火煮至浓稠，再加入奶油拌匀后，过筛待凉2～3小时，即可装入裱花袋中。

组合和装饰

做法

8. 于挞壳上，以由中心绕至外围的方式，挤上卡士达酱，并将所有挞壳一一填入。

9. 再以由外围到中心的顺序，摆上各类新鲜水果、刷上果胶即可。

原味蛋挞
Egg Tart

单纯的口味，搭配一杯茶或是咖啡，就是最纯粹享受！

材料

挞皮

黄油156克（25.2%）｜糖粉85克（13.3%）｜盐3克（0.5%）
低筋面粉260克（40.8%）｜杏仁粉83克（13%）｜全蛋50克（7.2%）

蛋液

鸡蛋200克（27.8%）｜鲜奶200克（27.8%）｜细砂糖120克（16.6%）

使用模具：蛋挞模直径 8 厘米

挞皮做法请参考 P136 缤纷水果挞

蛋液制作

做法

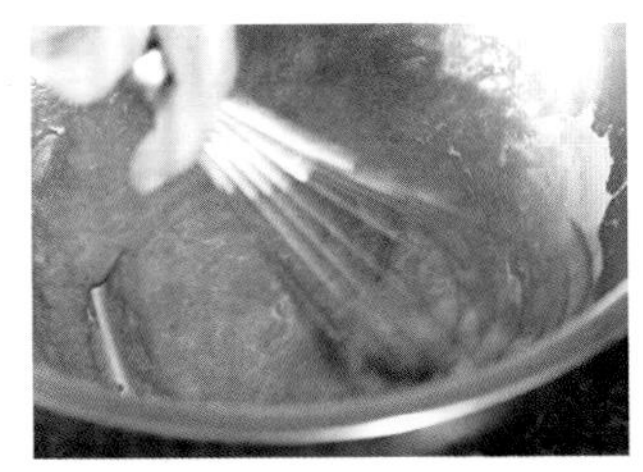

1. 将鸡蛋放入搅拌盆中，使用打蛋器均匀打散备用。

2. 锅中放入鲜奶与细砂糖，以中小火煮至约65℃。

3. 冲入蛋液中拌匀，再过滤即可。

4. 将挞皮放入挞模中，中间以叉子戳洞，并一一完成其他挞模的制作。

5. 蛋液倒入挞模中约9分满，放入已预热的烤箱中，以200/200℃烤12～15分钟，表面开始凝固后，将温度调至180/180℃再烤15～20分钟即可。确认蛋挞凉了才可脱模。

-PART-
3

新手入门不失败！

巧克力、泡芙、奶酪、布丁、布蕾

容易失败点完全破解！

Lesson 6

解决导致巧克力、泡芙、奶酪、布丁、布蕾制作失败的问题！

巧克力甘纳许制作要诀

一般来说，制作巧克力甘纳许，都是要用调温巧克力。先把鲜奶油加热到沸腾，等沸腾后，倒到切碎的巧克力块里面，让它化开，再搅拌均匀。

Q1. 做不出滑顺的口感

如果做不出滑顺的口感，可能是因为它的液态食材，包括水分、鲜奶油等的比例不对。巧克力是属于固态的东西，化开之后变成液态，但是结晶后又会变成固态，所以制作甘纳许需要加入液体食材，所谓的液体食材是指鲜奶油，用鲜奶油去调整它的比例，让固态跟液态达到最完美的平衡，便能做出滑顺的口感。增加鲜奶油的比例或降低巧克力的比例，可以将水分与固态物调整至均衡。在比例上，1千克的巧克力大概会搭配500克的鲜奶油去制作甘纳许。以500克为基础，再去做调节，假设要更滑顺的口感，就增加鲜奶油的比例，这样制作出来的口感会比较丝滑。奶油则是用来增加油分以及香气，可适度调整鲜奶油的比例。

Q2. 结块、过硬

甘纳许会结块通常是加热的时候温度过高，制作时通常是先把鲜奶油加热到沸腾，再倒入巧克力里面，让它化开后再搅拌均匀。但是有些巧克力比较不耐热，当煮沸的鲜奶油倒入后，会使化开之后的巧克力液中出现一些颗粒，所以制作巧克力甘纳许时，务必要乳化、均质、过滤后再使用。

鲜奶油倒到巧克力中之后，巧克力会先分解。它原本是固态的，而里面含有许多成分，包括可可膏、可可脂，还有砂糖、香料以及部分的大豆卵磷脂等，用打蛋器把它均质结合，重新分解、解构再结构，在解构和结构的过程当中，如果温度拿捏不好，就容易结块。所以一定要搅拌均匀，如果想要再细一点，还可以再次过滤，去除杂质与结块物。

制作甘纳许所使用的巧克力都是调温巧克力，黑巧克力、白巧克力、牛奶巧克力等都可以，但是需要经过调温才能够做出口感滑顺的甘纳许。

甘纳许不能放在室温，一定要冷藏保存，不然容易发霉或者是坏掉。冷藏保存的期限大概是一个星期。但是因为在制作甘纳许的过程中会加入鲜奶油，所以

烘焙小秘诀

在调制的过程中出现问题

如果发现过硬，就把鲜奶油的比例调高，增加鲜奶油的比例，或是降低巧克力的比例，让水分（指鲜奶油）与固态物（指巧克力）调整到口感均衡就完成了。

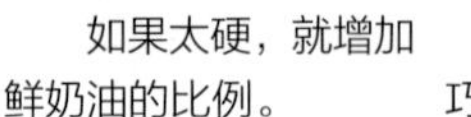

如果太硬，就增加鲜奶油的比例。

如果太稀，就增加巧克力的比例。

冷藏会变硬，如果要恢复滑顺的口感，就要用微波加热或是隔水加热的方式使它化开，只要调整到适合的温度即可。

泡芙制作要诀

成功步骤 STEP BY STEP

一般制作泡芙的材料，要有牛奶、水、低筋面粉、少许糖和盐，还有色拉油或是化黄油，制作程序是先把水和油的部分放在锅中加热到沸腾，再把细砂糖、盐加入煮沸并拌匀，当水和油沸腾的时候，倒入过筛的面粉，让材料完全结合成一个面团。这个过程就是要把面粉烫熟，让它糊化，有点像拌煮的感觉，让水分挥发。过程中要持续搅拌，等到面团的水分蒸发得差不多时就离火。再加入剩下的材料拌匀，让它慢慢乳化，就完成了泡芙的面团。

Q1. 泡芙外皮失败

外皮失败的原因有很多种，在制作时，如果黄油、水还没沸腾就加粉，造成面团收缩不足，就会无法成团。在这种情况下又加蛋去搅拌时，面团在烘烤时就无法膨胀。而当生面团过稀的时候，就是失败了，没有办法补救。

制作泡芙最关键的地方，就是加热液体和黄油的步骤，一定要加热至沸腾，并且要趁热加粉，收缩后便能顺利变成团状，然后继续使多余的水分蒸发掉。泡芙面团的水分不能太多，它才会形成比较酥脆、干硬的外壳，再用蛋去调节它的软硬度。如果在第一个步骤都没成功又加入蛋，到后面时一定会无法膨胀，就会导致失败。

水和油在锅子里面加热到沸腾。

当水和油沸腾后，再倒入过筛的面粉。

当无法成团然后又加蛋去搅拌，就会失败。

面团中多余的水分必须蒸发掉。

Q2. 膨胀不起来

烤炉温度不足，或在烘焙过程中开烤炉查看，会导致泡芙受热不均收缩。

假如泡芙面团已经做成功，但它膨胀不起来，原因通常在于没有让泡芙受到高温烘焙。通常是使用上下火200℃的高温，让它受热膨胀、中空心产生孔洞。一开始温度设定在200～220℃，等它膨胀之后定形，上半部跟边缘呈现金黄色，就可以关火用余温去闷。但是烤炉温度不足时，边缘就会无法上色，看起来有点发白。而且温度不够，面团就会塌陷。如果在烘烤的过程当中，在还没定形前就开烤炉也是失败原因之一。最好是从头到尾都不要去开烤炉，至少在烘烤的前20分钟之内都不要打开烤炉门，不然会造成失败。

烘烤过程中，打开烤箱造成失败。

Q3. 中心没有孔洞

如果是中心没有孔洞，通常是材料中的面粉和蛋的用量使用错误所造成。但如果配方是对的，却又造成这个状况，就是炉温不够，泡芙不仅膨胀不起来，中心也不会出现孔洞。

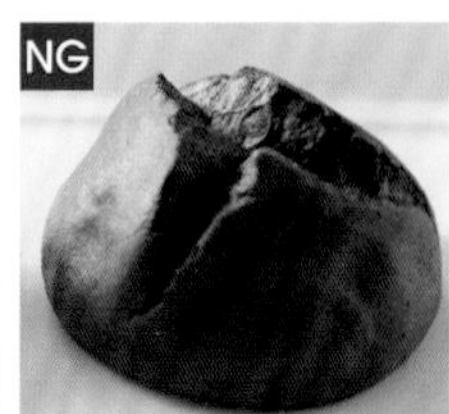

炉温不够，膨胀不起来、中心没有孔洞

Q4. 不知道怎么分辨面团该有的硬度

面团硬度要求就是一定要能够成团，再通过加蛋去调整到适合的软硬度，把泡芙面糊搅拌到稍微不粘手，呈现光滑、流动性缓慢的状态为原则。手去按压的时候不会粘黏，就像小朋友玩的黏土的软硬度。不同形态的泡芙，需要的软硬度不同，例如：日式泡芙比较软，适用上面所说的硬度；法式泡芙则比较硬，面糊就几乎不会流动，用橡皮刮刀刮起来，流下来会呈倒三角形、不滴落的程度。法式泡芙在烤的时候还要烤得颜色比较深、口感比较酥，很像意美小泡芙。

例如脆皮泡芙，它的外皮是脆的，但旁边是柔软的。所以所谓适合的硬度，是看你要做哪一种泡芙来决定。不过，泡芙面团不会太稀，因为水分太多泡芙外壳也会无法在烘焙的过程中膨胀。

Q5. 烤好后有点歪

泡芙烤出的形状本来就是不规则状，所以不要歪斜得太夸张就好。

法式泡芙的面糊用橡皮刮刀刮起时，流下会呈倒三角形、不滴落的程度。

日式泡芙的面糊搅拌到稍微不粘手呈现光滑、流动性缓慢的状态。

烤好之后，如果泡芙的形状歪斜，通常是用的烤箱不对，使用了旋风型加热的烤箱。如果是风扇型加热的烤箱就能避免。

制作泡芙的过程中比较关键的一步就是挤制时的量，因为没有办法测量，除非是把整个烤盘放在大的电子秤上面去测，才能够精准地判断出每一个是多重。使用目测的方式时，通常会在烤盘上垫一张纸，用框框去画记号，或用圆形模具先画出形状，把画好的烘焙纸翻面后，把面糊挤制上去。制作马卡龙时，也是用这个方式。

另外一个会歪斜的原因是挤泡芙坯的时候不够圆。泡芙要尽量挤成圆形且饱满的，而不是扁的。诀窍在于，挤出后要慢慢地往上拉提，挤的过程中要注意停顿，而不是绕圈。马卡龙是维持在一定的高度去挤，泡芙则需要有厚度，两者的厚度不一样。之所以会产生歪斜，是因为挤的量、大小没有控制好的缘故。

POINT
裱花袋往上拉提，挤的过程中要注意停顿。

奶酪、布丁、布蕾 Q 和 A

Q1. 为什么奶酪制作完后，从冰箱拿出来时表面会发皱?

煮好的奶酪温度要控制在35℃以下再冷藏，避免只有表面被冷却。因为热胀冷缩，表面会先凝固，下面的部分才凝固，所以放室温是让整体均匀降温，降温之后慢慢凝固，再放入冷藏，表面就会比较光滑。降温后可以盖上盖子或是封上保鲜膜，再放入冷藏。如果在热的时候直接加盖，水汽会附着在盖子上面，然后就会滴到奶酪表面，久放之后容易发霉。放入冷藏之后，约1个小时就会凝固。如果凝结剂加得比较多，例如吉利丁，大约半小时就会凝固。

奶酪降温不够，就放入冰箱冷藏，表面会变得不平整。

卡布奇诺布蕾受热过快，也会造成表面呈现皱纹。

Q2. 为什么烤布丁时要隔水加热？

布丁跟布蕾的主要成分是鸡蛋，鸡蛋如果不蒸，而是用烤就容易爆裂，所以要用隔水蒸烤的方式慢慢把它蒸熟，这样布丁的口感才会比较滑嫩。隔水加热时一般都是用冷水，因为蛋的凝固点很低，蛋清跟蛋黄在70～80℃就会凝固，如果使用热水，边缘就会先收缩，所以要用冷水慢慢地一起加热，用热水加热内部里面受热太快，内部会产生孔洞。因为需要隔水加热，所以选择的器皿要注意，一般都是选择瓷碗，如果选择布丁杯，就要选择抗200℃以上高温的材质。另外，直接用吉力丁去做凝固剂的，就不用蒸烤，只要搅拌后就完成。这类的布丁做法跟奶酪有点像，但因为是速成法的关系，所以口感上不会那么好。布蕾、布丁、奶酪这类制品，要特别注意不能冷冻。如果放入冷冻室，会有冰晶，造成内部组织又硬又稠，口感也会不滑嫩。

隔着冷水慢慢加热，才会有滑顺口感。

Q3. 为什么烘烤后的布蕾不会凝固？

布蕾是蛋黄加上鲜奶油制成的，所以乳脂含量比较高，口感会比较滑顺，通常乳脂含量高的制品较难凝固，除非蛋黄的添加量足够。布丁一般来说是使用全蛋，而布蕾则是添加较多的蛋黄，像是法式烤布蕾就是使用蛋黄。如果蛋黄的添加量不足，在烘焙的过程中，会不容易凝结。

如果配方都对了，但是烘焙的时间不够，也不容易凝结。烤布丁时，通常表面呈现弹牙状时，里面大概也已经熟了，但烤布蕾时通常会出现的问题是，感觉表面已经凝结，但挖下去时有时候里面仍是液态状。所以这类制品会需要比较长的时间去焖烤，制作时也较不易失败。

烘焙的时间不够，不容易凝结，表面就会很水润。

材料简单、失败率低，对于热爱甜点的人来说，是绝对不能缺少的一道美食！

原味布蕾
Brulee

材料

动物性鲜奶油500克（70.2%）| 细砂糖50克（7%）
蛋黄60克（8.6%）| 全蛋100克（14.1%）
香草荚1/2条（0.1%）

做法

1. 香草荚需先直切后刮籽。

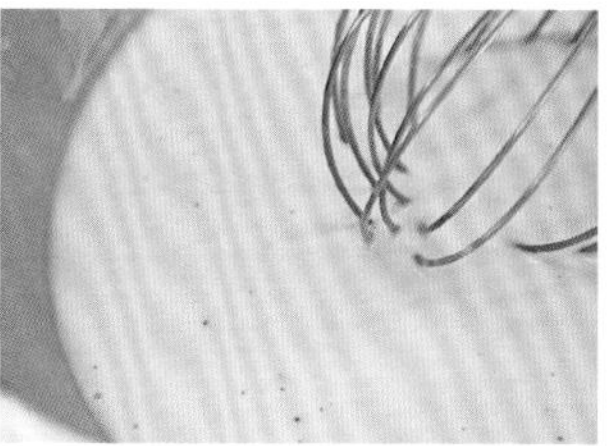

2. 将动物性鲜奶油、细砂糖、香草荚与籽一起加热煮至60℃。（Tips）

3. 加入蛋黄与全蛋，使用打蛋器拌匀，再将布丁液过滤即可。

4. 在耐烤杯（布丁杯）中倒入90克布丁液。

5. 铁盘中倒入适量水，放上耐烤杯，以170/150℃蒸烤30～35分钟。摇晃时表面不晃动且完全凝固即可。

Tips

煮的过程中要一边搅拌，煮到锅边冒烟即可，若温度过高，蛋加入后可能会变熟，所以小心不要煮过头。

表面附上一层薄脆的焦糖，一匙舀下，却有着滑嫩的滋味，每一口都是甜蜜。

焦糖布蕾
Caramel Brulee

材料

动物性鲜奶油500克（70.2%）| 细砂糖50克（7%）
蛋黄60克（8.6%）| 全蛋2个（14.1%）
香草荚1/2根（0.1%）

装饰

细砂糖适量

使用模具：布丁杯直径7厘米×高6厘米

做法

1. 将香草荚中的籽取出。

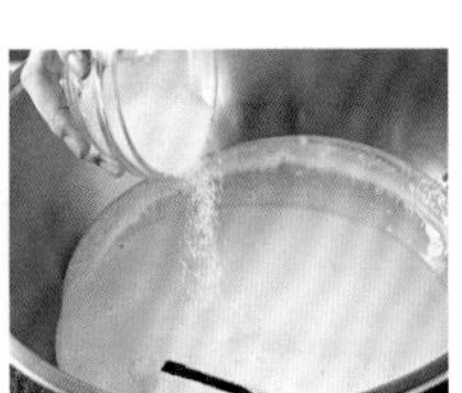

2. 将动物性鲜奶油、细砂糖、香草荚与籽一起煮至60℃。

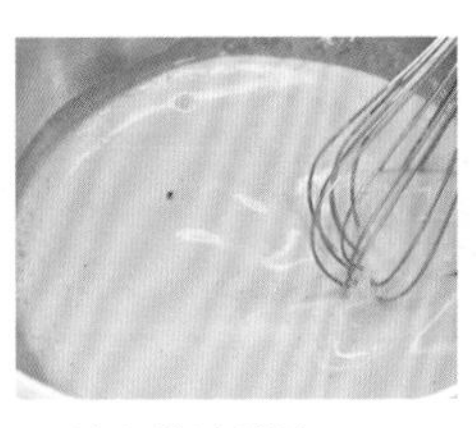

3. 边加热边搅拌。

4. 加入蛋黄。

5. 加入全蛋，并使用打蛋器拌匀。

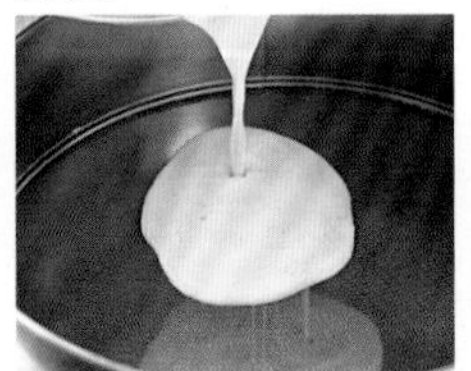

6. 将布丁液过滤。在耐烤杯中依序倒入90克布丁液。

7. 铁盘中倒入适量的水，放上耐烤杯，放入已预热的烤箱中，以170/150℃烤30~35分钟。确认在摇晃时布丁表面不会晃动且完全凝固即可出炉。待布丁冷却后在表面撒上细砂糖，用喷火枪烧表面至呈焦糖色即可。

绵密乳香与咖啡香相互交织，口感滑顺柔嫩，在咀嚼中，能品尝到蕴含的浓醇细腻。

卡布奇诺布蕾
Cappuccino Brulee

材料

细砂糖60克（8.1%）| 动物性鲜奶油500克（67.6%）| 咖啡粉20克（2.7%）
蛋黄60克（8.1%）| 全蛋100克（13.5%）

做法

1. 将细砂糖倒入动物性鲜奶油中，煮至60℃，再加入咖啡粉拌匀。

2. 加入蛋黄与全蛋，使用打蛋器拌匀成布丁液。

3. 过滤即可。

4. 在耐烤杯中倒入90克布丁液，并一一完成。

5. 铁盘中倒入适量的水，放入布丁杯，放入预热后的烤箱，以170/150℃蒸烤30～35分钟，确认在摇晃时布丁表面不会晃动且完全凝固即可出炉。

水果布蕾
Fruit Brulee

有了草莓、蓝莓、水蜜桃的加入，
让入口时除了滑顺，
还多了不同的酸甜层次！

材料

动物性鲜奶油500克（70.2%）| 细砂糖50克（7%）
蛋黄60克（8.6%）| 全蛋2个（14.1%）
香草籽1/2条（0.1%）

装饰

新鲜草莓适量 | 蓝莓适量 | 水蜜桃适量 | 猕猴桃适量

使用模具：布丁杯直径 7 厘米 × 高 6 厘米

做法

1. 香草荚直切后刮籽。

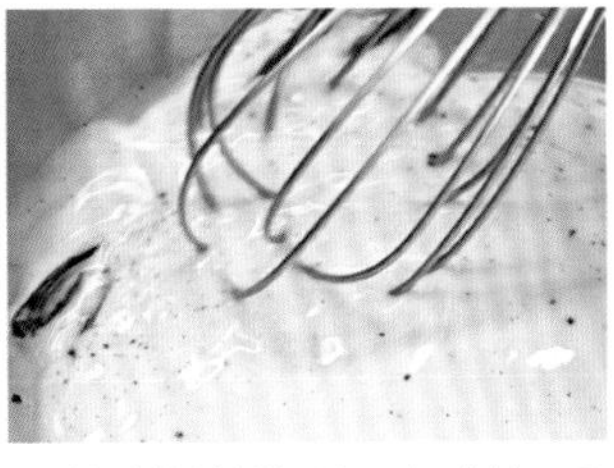

2. 将动物性鲜奶油、细砂糖、香草荚与籽一起煮至60℃。

3. 加入蛋黄与全蛋，使用打蛋器拌匀。

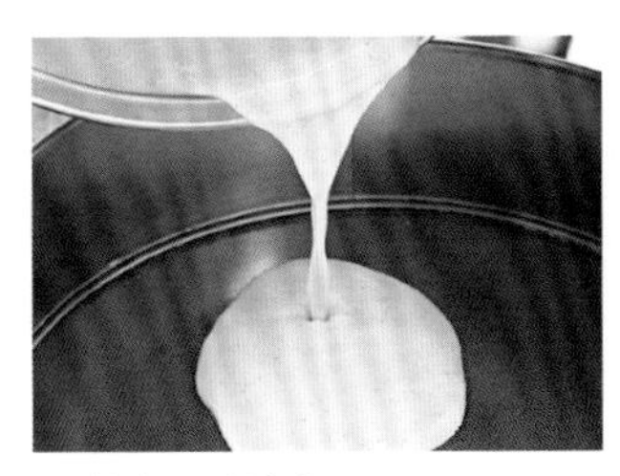

4. 将布丁液过滤。

5. 在耐烤杯中倒入90克布丁液。

6. 耐烤杯移入铁盘中，并倒入适量的水，再放入事先预热好的烤箱中，以170/150℃蒸烤30～35分钟。确认在摇晃时布丁表面不会晃动且完全凝固即可出炉。待布丁冷却后放上新鲜水果装饰即可。

意大利鲜乳酪
Italian Panna Cotta

软绵绵的口感，一直深受甜点迷的喜爱，
对于没有烤箱的人来说，也可以试试看哦！

材料

香草荚2条（0.2%）| 吉利丁15克（2.1%）| 鲜奶450克（65.2%）
细砂糖60克（8%）| 动物性鲜奶油150克（21.7%）
朗姆酒20克（2.8%）
使用模具：布丁杯直径 7 厘米 × 高 6 厘米

做法

1. 香草荚需先直切后刮籽。

2. 将吉利丁片泡在冷的饮用水中，静置5分钟后把水挤干备用。

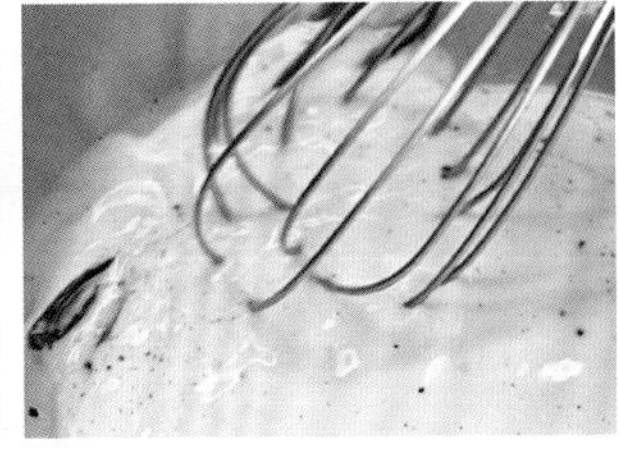

3. 鲜奶、细砂糖、香草荚与籽一起加热至60℃。

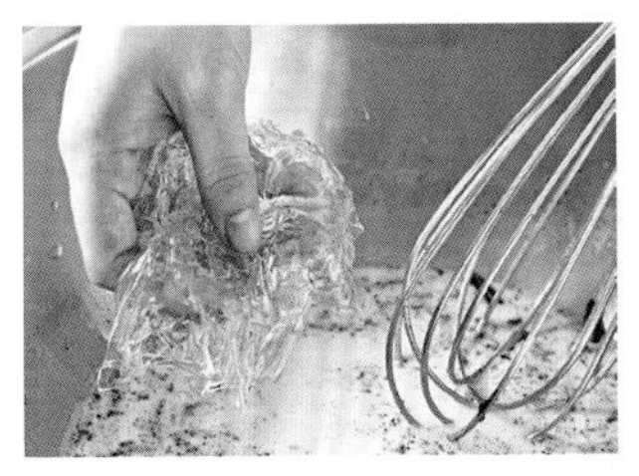

4. 将吉利丁片加入溶化。

5. 再加入动物性鲜奶油拌匀。

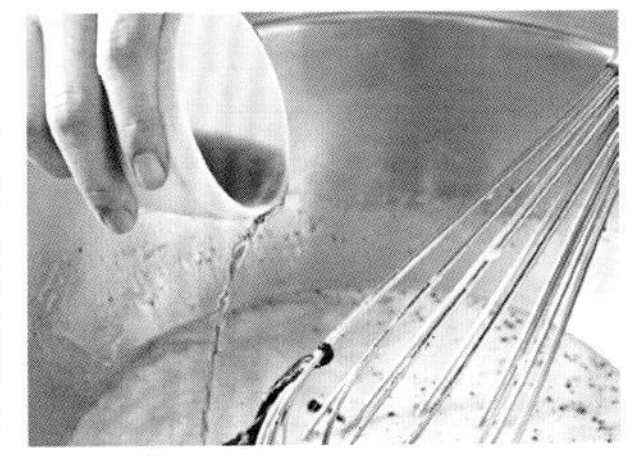

6. 最后加入朗姆酒。

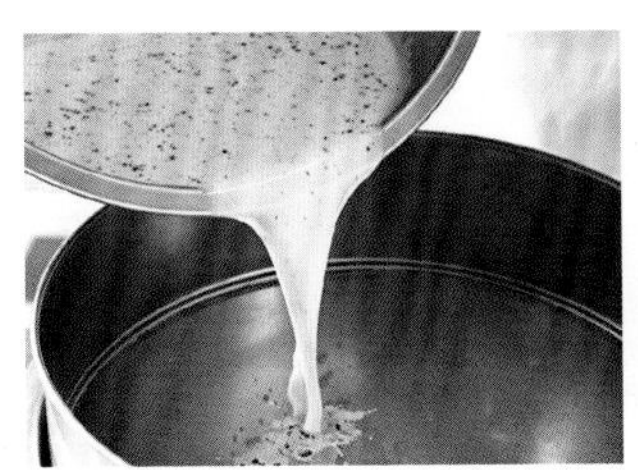

7. 拌匀后过滤。

8. 倒入杯子中，放进冰箱冷藏3小时至凝固即可。

巧克力鲜乳酪
Chocolate Panna Cotta

浓郁的入口滋味，钟情于巧克力的人，一定要试试！

材料

吉利丁片7.5克（1.3%）| 鲜奶400克（66.9%）
细砂糖40克（6.7%）| 动物性鲜奶油100克（16.7%）
可可含量为64%的调温黑巧克力50克（8.4%）| 可可粉适量

做法

1. 碗中放入吉利丁片，加入冷的饮用水，浸泡约5分钟，取出后，把水挤干备用。

2. 锅中倒入鲜奶后，倒入细砂糖一起加热至60℃，一边加热一边搅拌，帮助细砂糖溶化。

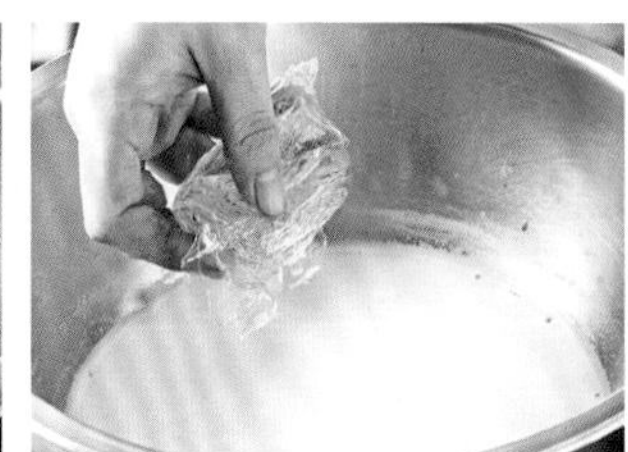

3. 加入挤干的吉利丁片，一起搅拌到溶化为止。

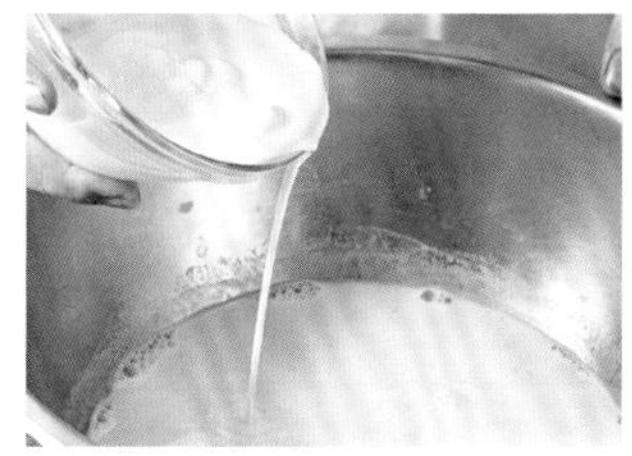

4. 再倒入动物性鲜奶油一起搅拌均匀。

5. 巧克力隔水加热至化开。

6. 倒入步骤4的混合物中。

7. 搅拌均匀。

8. 过滤后倒入杯子中。放进冰箱冷藏3小时至凝固即可，取出后撒上可可粉。

水果可可鲜乳酪
Fruit Panna Cotta

搭配巧克力和新鲜水果，
口感细致的奶酪风味更丰富。

材料

吉利丁片7.5克（1.3%）｜鲜奶400克（66.9%）
细砂糖40克（6.7%）｜可可含量为64%的调温黑巧克力50克（8.4%）
动物性鲜奶油100克（16.7%）

装饰

新鲜草莓适量｜蓝莓适量｜水蜜桃适量｜柠檬适量

做法

1. 碗中放入吉利丁片，加入冷的饮用水，浸泡约5分钟，取出后，把水挤干备用。

2. 锅中倒入鲜奶后，倒入细砂糖一起加热至60℃，一边加热一边搅拌，帮助细砂糖溶化。

3. 加入挤干的吉利丁片，一起搅拌到溶化为止。

4. 黑巧克力隔水加热至化开。

5. 动物性鲜奶油倒入步骤3的混合物中，一起搅拌均匀。

6. 再加入巧克力液。

7. 搅拌均匀。

8. 过滤后倒入杯子中。

9. 放进冰箱冷藏3小时至凝固即可，取出后装饰上新鲜水果。

持有焦香味的焦糖，搭配软嫩细致的布丁，完全掳获想要吃甜点的心。

焦糖鸡蛋布丁
Caramel Pudding

材料

焦糖

水60克（23.1%）| 细砂糖200克（76.9%）

布丁

鲜奶970克（53.9%）| 全蛋388克（21.6%）

蛋黄194克（10.7%）| 细砂糖243克（13.5%）

香草荚5克（0.3%）

使用模具：布丁杯直径 7 厘米 × 高 6 厘米

做法

1. 锅中放入水、细砂糖，用中小火一起加热，加热过程中要注意观察，以免煮过头。

2. 直到整体颜色呈现焦糖色后，倒至杯中备用。

3. 鲜奶、细砂糖、香草荚与籽一起加热至70℃。

4. 倒入全蛋及蛋黄，使用打蛋器拌匀。

5. 过滤即可。在杯子里一一倒入90克布丁液。

6. 铁盘中倒入适量的温水，放上布丁杯，再移入预热后的烤箱，以150/150℃蒸烤30～35分钟。确认布丁在摇晃时表面不会晃动且完全凝固即可出炉。

做法并不难，在家就能好好品尝滑顺又香浓的口感！

黑糖鸡蛋布丁
Brown Sugar Pudding

材料

黑糖108克（11.1%）
动物性鲜奶油540克（55.6%）
鲜奶180克（18.5%）｜蛋黄144克（14.8%）
使用模具：布丁杯直径 7 厘米 × 高 6 厘米

做法

1. 将黑糖倒入鲜奶中，加热至65℃。

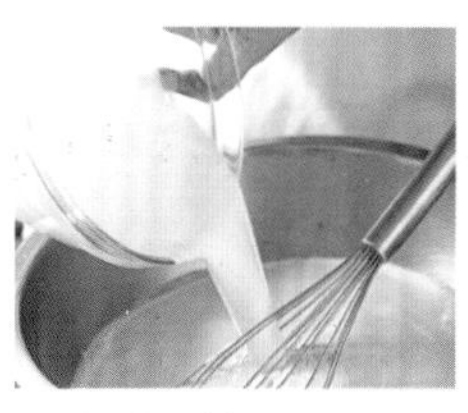

2. 将动物性鲜奶油加入拌匀。

3. 再加入蛋黄拌匀。

4. 过滤。在杯子里倒入90克布丁液。铁盘中倒入适量的温水，放上布丁杯，以150/150℃蒸烤30～35分钟。确认布丁在摇晃时表面不会晃动且完全凝固即可出炉。

经典的甜点，咬下一口酥脆的外皮，香浓内馅瞬间在嘴里化开。

柔软泡芙
Cream Puffs

材料

泡芙

水500克（40.6%）| 黄油150克（12.2%）
盐5克（0.4%）| 低筋面粉200克（16.3%）
蛋375克（30.5%）

卡士达酱

牛奶308克（63.4%）| 细砂糖64克（13.2%）
蛋黄56克（11.3%）| 香草荚1根0.2%
玉米粉22克（4.5%）| 低筋面粉16克（3.3%）
黄油20克（4.1%）

使用模具：挤制圆直径 4 厘米

泡芙制作

做法

1. 锅中放入水、盐、黄油后，开中火，边加热边搅拌，直到煮沸后关火。

2. 倒入已经过筛好的低筋面粉，使用打蛋器迅速拌匀。

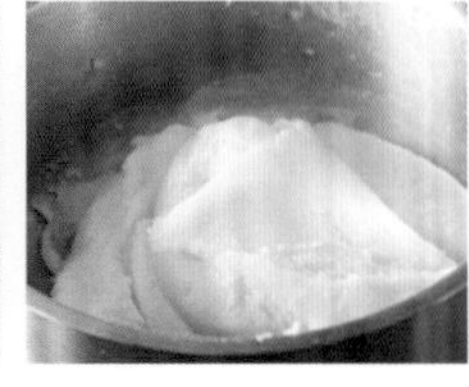

3. 搅拌至面糊不粘锅，底部会有一层薄膜状为止，用手指测试的话，就是面糊不会粘手的程度。

4. 分次加入鸡蛋，第一次加一个，之后都是一次加两个。

5. 用手拌时，以压拌方式进行。如果要增加色泽，可以多加蛋黄。(Tips1)

6. 将面糊装入裱花袋后，挤出直径约3.5厘米的圆状于烤盘上。

7. 挤制时要注意面糊间的距离，不要太密集，完成后再用手沾水，修饰面糊顶部。放入已预热好的烤箱中，以190/170℃烤约15分钟，调整烤盘方向，以170/170℃烤约15分钟。(Tips2)

Tips

1 如果不想用手拌方式，可以把面糊倒入搅拌盆中，使用桨状拌打器，一样分次加入鸡蛋，让乳化更均匀。

2 进炉前喷水，可以增加膨胀力。注意烘烤前20分钟不要打开炉门。

卡士达酱制作

做法

8. 将细砂糖、低筋面粉、玉米粉过筛后，加入蛋黄拌匀。

9. 从香草荚中取出香草籽。牛奶倒入锅中后，再加入香草荚、香草籽煮沸。

10. 再过筛倒入步骤1的混合物中拌匀，一边搅拌，以中大火回煮收稠。

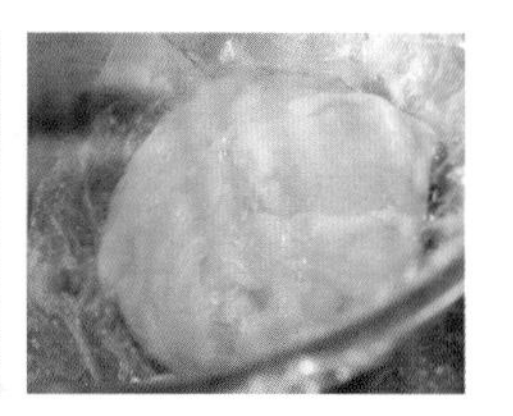

11. 加入黄油拌匀后，过筛待凉即可。

组装

做法

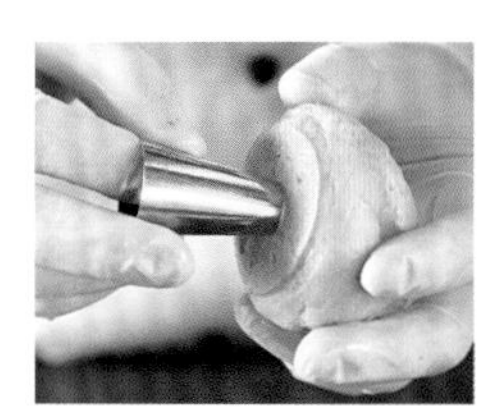

12. 将泡芙底部戳洞。

13. 灌入卡士达酱。

14. 撒上糖粉（材料分量外）即可。

菠萝皮香松酥脆的口感，
让泡芙多了轻柔绵滑外的不一样风情。

酥皮泡芙
Biscuit Topping Cream puff

材料

菠萝皮
黄油120克（18.8%）| 细砂糖97克（15.2%）
低筋面粉150克（23.6%）
生核桃仁270克（42.2%）

泡芙
盐1克（0.1%）| 黄油75克（10.8%）
牛奶250克（36.2%）| 细砂糖11克（1.6%）
低筋面粉80克（11.6%）| 高筋面粉75克（10.8%）
蛋200克（28.9%）

菠萝皮制作

做法

1. 先将生核桃仁切碎。搅拌盆中依序放入制作菠萝皮的所有材料，使用桨状拌打器拌匀后即可取出。（Tips）

2. 桌上撒上高筋面粉、放上面团，略微整形。

3. 搓成直径约4厘米的长柱状，用烘焙纸包裹后，放入冰箱冷冻至变硬。

4. 取出，去除烘焙纸。

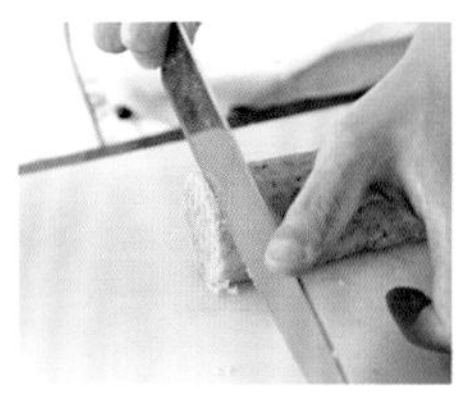

5. 切成约0.5厘米厚。

冻得太硬会使菠萝皮还在切片时碎裂。

Tips

核桃仁如果切得不够碎，切片时容易散开。

泡芙制作

做法

6. 锅中放入盐、黄油、牛奶、细砂糖后，开中火，边加热边搅拌，直到煮沸后离火。

7. 倒入已经过筛好的低筋面粉、高筋面粉，使用打蛋器迅速拌匀。

8. 回煮至面糊不粘锅，底部会有一层薄膜状为止。用手指测试的话，需搅拌到面糊不会粘手的程度。

9. 分次加入鸡蛋，第一次加一个，之后都是一次加两个。

10. 用手拌时，以压拌方式进行。如果要增加色泽，可以多加蛋黄。搅拌至如图所示的状态。

11. 将面糊装入裱花袋后，挤出直径约3.5厘米的圆状糊于烤盘上，挤制时要注意面糊间的距离，不要太密集。

12. 完成后再用手沾水修饰面糊顶部。

13. 将切片的菠萝皮覆盖于泡芙上。放入已预热好的烤箱中，以200/180℃烤约20分钟，以180/180℃烤约15分钟。进炉前喷水，可以增加膨胀力。注意烘烤前20分钟不要打开炉门。

组装

做法

14. 将泡芙横切，挤入卡士达馅。

15. 再撒上糖粉（材料分量外）即可。也可以加入自己喜欢的水果，会让整体的丰富感提升。

卡士达制作

做法请参照P162柔软泡芙

1. 将细砂糖、低筋面粉、玉米粉过筛后，加入蛋黄拌匀。
2. 从香草荚中取出香草籽。牛奶倒入锅中后，加入香草荚、香草籽煮沸，再过筛倒入步骤1中拌匀，一边搅拌，以中大火回煮收稠。
3. 加入黄油拌匀后，过筛待凉即可。

巧克力泡芙

Chocolate Cream Puff

从表皮到内馅，让人充满迷恋，
入口华丽的滋味，不管大人还是小孩，
都会为之倾倒！

材料

泡芙

水360克（35.2%）| 黄油160克（15.6%）| 盐4克（0.4%）
低筋面粉160克（15.6%）| 可可粉40克（3.9%）| 蛋300克（29.3%）

巧克力馅

蛋黄60克（12%）| 细砂糖60克（12%）| 低筋面粉30克（5.8%）
牛奶300克（60%）| 香草荚1/2根（0.2%）
可可含量为64%的巧克力50克（10%）

泡芙制作

做法

1. 将水、黄油、盐加热至煮沸。

2. 倒入过筛的低筋面粉、可可粉。

3. 迅速拌匀，回煮至面糊不粘锅。

4. 面糊倒入搅拌盆中，使用桨状拌打器分次加入鸡蛋乳化均匀。(Tips)

5. 将面糊装入裱花袋后，挤出直径约3.5厘米的圆状于烤盘上，进炉前喷水可增加膨胀力。

6. 放入已预热的烤箱中，以190/170℃烤约15分钟，将烤盘调整方向，以170/170℃烤约15分钟。

Tips

加蛋时要考虑到面糊稀度，若拉起时流速缓慢、呈光滑状，就不需要再加蛋，否则会过稀。

巧克力馅制作

1. 将蛋黄、细砂糖、低筋面粉以打蛋器拌匀。
2. 将牛奶、香草荚煮沸后，倒入步骤1的混合物中拌匀，煮至黏稠。
3. 巧克力先用中小火加热至化开，加入步骤3的混合物中乳化、拌匀后，过筛。

组装

做法

7. 将泡芙横切开。

8. 灌入巧克力馅。

9. 完成后再盖上即可，最后在表面撒上糖粉。

甜甜圈泡芙
Cream Puff Donut

带来香浓的卡士达酱，搭配草莓巧克力，
粉红色的视觉感受，是女生的最爱！

材料

泡芙

水360克（40.6%）| 黄油160克（12.2%）
盐3克（0.4%）| 低筋面粉240克（16.3%）
鸡蛋400克（30.5%）

使用模具：挤制圆直径 10 厘米

材料

卡士达

牛奶205克（52.8%）| 细砂糖64克（16.5%）
蛋黄56克（14.4%）| 香草荚1根（1.3%）
玉米淀粉22克（5.7%）| 低筋面粉16克（4.1%）
黄油20克（5.2%）

装饰

杏仁片适量 | 草莓巧克力适量
干燥覆盆子碎适量 | 糖粉适量

做法

1. 锅中放入水、盐、黄油后，开中火，边加热边搅拌，直到煮沸后离火。

2. 倒入已经过筛好的低筋面粉，使用打蛋器迅速拌匀，回煮至面糊不粘锅，底部有一层薄膜状为止。

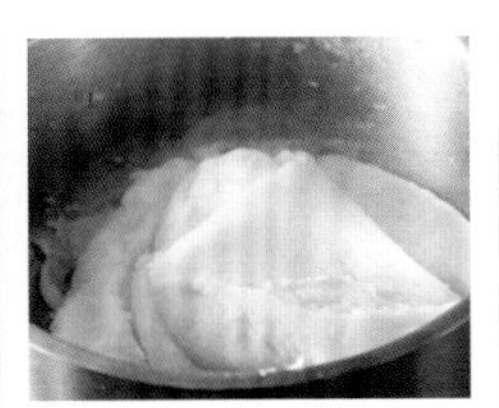

3. 用手指测试的话，需搅拌到面糊不会粘手的程度。

4. 分次加入鸡蛋，第一次加一个，之后都是一次加两个。

5. 用手拌时，以压拌方式进行。如果要增加色泽，可以多加蛋黄。(Tips)

6. 将面糊装入裱花袋后，使用菊花形裱花嘴，将面糊挤出甜甜圈形状于烤盘上，并一一完成。

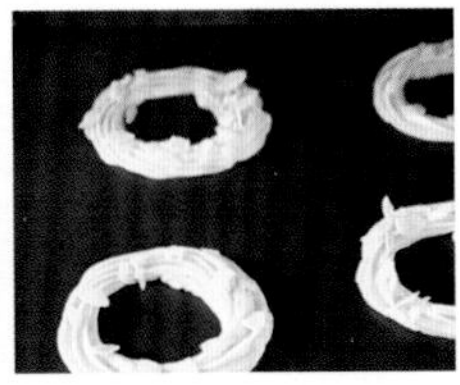

7. 撒上杏仁片，于表面喷一些水。放入已预热的烤箱中，以190/170℃烤约15分钟，烤盘掉头，以170/170℃烤约15分钟。

Tips

如果不想用手拌方式，可以把面糊倒入搅拌盆中，使用桨状拌打器，分次加入鸡蛋，让乳化更均匀。

卡士达制作

做法

8. 将蛋黄、细砂糖、低筋面粉、玉米淀粉以打蛋器拌匀。将牛奶、香草荚煮沸后倒入。煮至黏稠，再加入黄油拌匀后，过筛。将甜甜圈泡芙横向剖开。

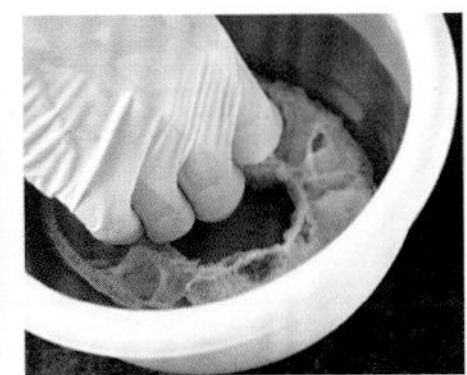

9. 上面那一层的表面沾上融化的草莓巧克力，下面那一层挤上适量的卡士达酱。

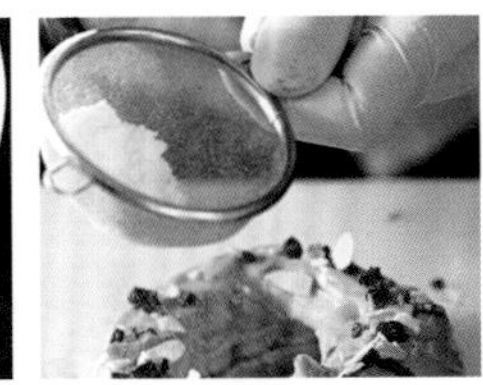

10. 将上层覆盖，最后撒上干燥覆盆子碎、杏仁片以及糖粉做装饰即可。

灌模巧克力
Mold Chocolate

非常纯粹的口感，对于喜欢单纯风味的人来说，是不错的选择。

材料

免调温深黑巧克力350克（100%）｜金粉适量

做法

1. 先将巧克力模子用酒精擦拭纸擦干净备用。

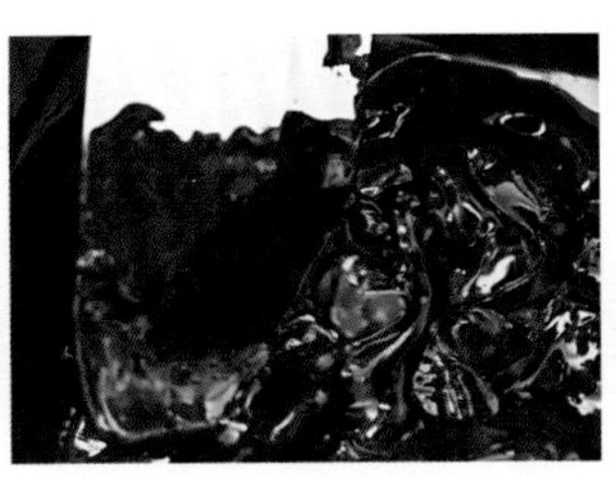

2. 将巧克力用微波炉（或用隔水加热法）化开。（Tips1）

3. 再将巧克力用裱花袋灌入模子中。（Tips2）

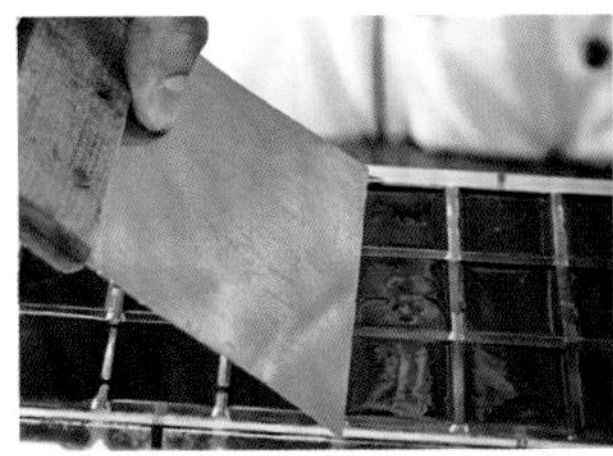

4. 把多余的巧克力刮干净，敲一敲模子让气泡振出，冷藏2~3小时。（Tips3）

5. 把冻硬的巧克力敲出。

6. 在表面刷上金粉即可。

Tips

1 巧克力先切碎，有助于受热均匀，加热温度约33℃，以免变质。

2 利用裱花袋，可以避免空气灌入，而且比较干净。

3 ①刮巧克力时，将刮板倾斜约45度角，轻轻地刮就可以了。
②冷藏的时间会依模子与冰箱不同而有差异，只要巧克力变硬就可以取出。

岩石巧克力
Rock Chocolate

口感较清脆，和饼干类似，对于不喜欢太甜口感的人来说，是另一种好选择！

材料

免调温巧克力200克（44.4%）｜巴芮脆片200克（44.4%）
榛果巧克力酱50克（11.2%）｜糖粉适量

做法

1. 将巧克力用微波炉加热（或用隔水加热法）至化开。（Tips）

2. 将榛果巧克酱倒入巧克力中。

3. 将脆片倒入巧克力中拌匀。

4. 铺在烤盘纸上，于室温中待凉或放入冰箱冷藏。

5. 放凉后轻轻剥碎。

6. 撒些糖粉即可。

Tips

利用微波化巧克力时，以高温、短时为原则，每隔几秒就要取出搅拌，才能受热均匀。使用隔水加热的话，要小心水不要溅到巧克力中，以免变质。

缤纷马卡龙巧克力
Colorful Macaron Chocolate

明快的色彩，甜美的滋味，
搭配一杯热茶，治愈所有不快。

材料

烘干马卡龙（红，黄，绿，紫，巧克力）各50克（33.3%）
免调温乳白巧克力500克（66.7%）

做法

1. 将低温烘干的马卡龙剥成小碎粒状。（Tips）

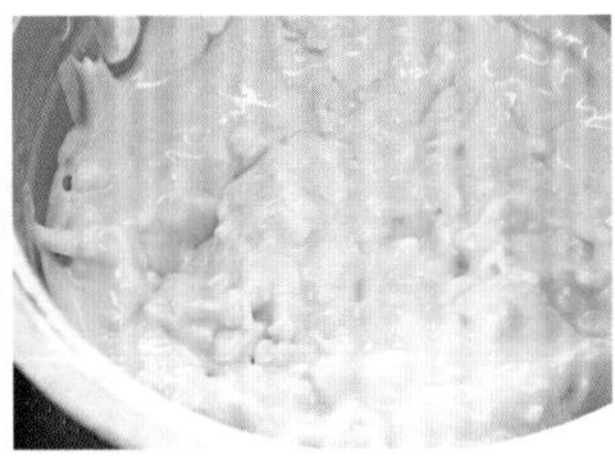

2. 将免调湿乳白巧克力放入微波炉中（或隔水加热）化开。

3. 倒在铺好烤盘纸的铁盘上。

4. 将四边抹平，再敲一下盘子帮助推平。

5. 趁巧克力未干前，把马卡龙碎均匀撒在巧克力上。

6. 轻压，再放入冰箱冷藏。

7. 将变硬的巧克力用手掰成片状即可（或者用刀切成5厘米×5厘米的片状）。

Tips

可以将马卡龙剥成小碎粒、微中粒、粉粒等，不同的大小可以让表面看起来更有层次。

生巧克力
Nama Chocolate

馥郁又丰富的口感，
马上就能让人感受到幸福和恋爱的滋味！

材料

动物性鲜奶油166克（30%）| 葡萄糖浆*15克（2.7%）
可可含量为58%的深黑苦甜巧克力326克（59%）
可可脂26克（4.7%）| 黄油**20克（3.6%）
防潮可可粉适量
* 增加保湿性
** 增加滑顺感

做法

1. 将动物性鲜奶油及糖浆一起煮沸，分次倒入切碎的巧克力与可可脂中，用打蛋器搅拌，使其均匀乳化。（Tips）

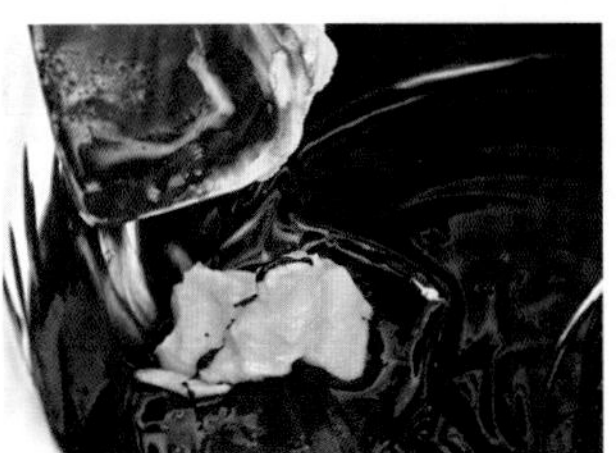

2. 将黄油加入拌匀。

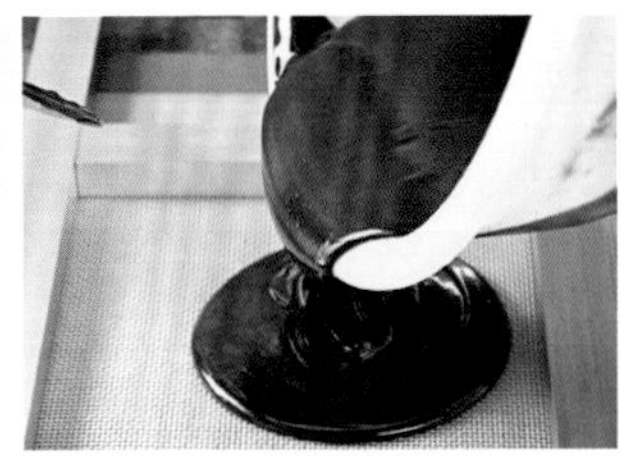

3. 倒入围成17厘米×17厘米的正方形铁条里。

4. 表面稍微抹平后，放入冰箱冷藏约4小时。如果没有铁条，可以用小的托盘取代。

5. 取出，用烧过的刀切成3厘米×3厘米的正方形。

6. 表面裹上防潮可可粉即可。

Tips

可以先将巧克力与可可脂隔水加热融化，但如果巧克力切得很碎就不用事先加热。

纯苦的香气，包覆着醇厚的香甜，
两段式的口感，细腻中有着绝佳的享受。

松露巧克力
Truffle Chocolate

材料

动物性鲜奶油62.5克（30.3%）
转化糖浆*6克（2.9%）
可可含量为58%的苦甜巧克力125克（60.7%）
黄油12.5克（6.1%）｜松露杯25个
涂层巧克力（需经过调温动作）500克
防潮可可粉适量
*跟葡萄糖浆相比，甜度较低

做法

1. 将动物性鲜奶油和转化糖浆煮沸。

2. 倒入切碎的巧克力中搅拌均匀乳化。

3. 加入黄油，利用余温融化拌匀，放入裱花袋中。

4. 挤入松露杯（球形）约八分满，放入冰箱冷藏约4小时至变硬。（Tips）

Tips

放入冰箱冷藏之前，注意巧克力的温度不要太高，约40℃以下。

涂层巧克力做法

做法

1. 将巧克力切碎，加热化开至约46℃。

2. 大理石调温法：将化巧克力倒在大理石桌上，使它瞬间降温至26~27℃。利用刮刀将巧克力反复抹平、均匀降温。

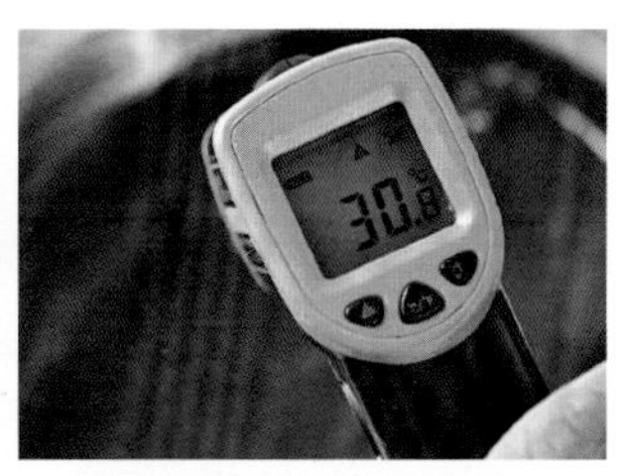

3. 若家中无大理石，可将化巧克力隔着冰块水，持续搅拌也可降温。降温后，利用一开始保留下来的部分巧克力，将两者混合拌匀，达到理想的操作温度（约30℃）即可。

4. 裹上巧克力液，再放入防潮可可粉中静置约5分钟。

5. 裹上防潮可可粉后，放入筛网中一边撞击松露巧克力一边撒防潮可可粉，使表面凹凸不平即可。（Tips）

Tips

通过撞击可以形成松露纹路，时间越久越明显。

-PART-
4

新手入门不失败！
蛋糕和装饰
容易失败点完全破解！

Lesson 7

解决做蛋糕容易失败的问题！

Q1. 全蛋无法顺利打发

打发全蛋时，如果配方比例都是正确的，请检查搅拌盆或搅拌器是否清洁擦拭干净，若有太多水分或油脂残留，会影响打发。另外，全蛋一定要进行回温。如果用冰凉的蛋去打发，会导致打发的时间拉长，建议用常温的鸡蛋会比较容易打发。残留的油脂过多，基本上对蛋黄没有太大的影响，但因为会破坏结构，而影响蛋清的起泡程度，导致无法打法。

全蛋打发的关键，除了配方比例要正确，搅拌盆或搅拌器要清洁擦拭干净，没有水分或油脂残留也非常重要。

Q2. 烤好后的蛋糕为平整、光滑的片，扁、塌，没有膨松感

烤好后的蛋糕口感非常硬，变成扁扁的海绵蛋糕。很多初学者大概都会存在这个问题。如果发生这种问题，第一就是全蛋打发不够，搅拌也不到位。很多初学者，明明全蛋没有打发，却为了不浪费材料，又把它跟其他材料搅拌在一起，导致整个蛋糕都没有充分打发，因为怕浪费所以勉强拿去烘烤，烤出来的蛋糕绝对是扁塌的。

另外，如果在搅打的过程中没有出现问题，全蛋也打发了，但是在拌和的过程中搅拌过久，导致消泡，也会失去膨松感。拌和的过程中，要保持打发过程中

烘焙小秘诀

烤好后变成平整光滑的片状，没有膨松感、烘烤失败。

会做出扁扁的海绵蛋糕，通常是打发得不够或搅拌过度所致。

全蛋顺利打发，拌和动作轻柔。

一直有气泡，才会有膨松感，所以拌和动作要轻柔，但是搅打的时间要足够。全蛋打发的气泡去包覆其他材料，例如粉类、油脂、水分，整个拌完之后必须维持住膨松感，这样去烘烤蛋糕才会膨松。

Q3. 制作海绵蛋糕，无法做出组织的膨松感

搅拌盆或搅拌器未清洁擦拭干净，有水分或油脂残留时，会妨碍打发。有一种海绵蛋糕是分蛋打发，即蛋清和蛋黄分开去打，如果有太多水分残留就会让蛋清无法顺利打发。

蛋清跟蛋黄分开打发，拌和动作要轻柔。

Q4. 蛋糕底部和切面出现孔洞，或气洞大小不均匀

烤箱的加热方式是从外部慢慢加热到里面，蛋糕就会膨胀。

底面受热，会让蛋糕体膨胀，表面受热则是能让蛋糕定形。如果火的温度不对，受热太快就会先膨胀。尤其烘焙时，底火温度容易过高，而造成受热膨胀不均匀，急速膨胀的情况下，就会产生空洞。

温度掌控得宜，切面也会很漂亮。

烤箱底火的温度一旦过高，会导致蛋糕急速膨胀而产生空洞。

拌和时未充分搅拌，则会造成气泡有大有小。戚风蛋糕有蛋清跟蛋黄的部分，把蛋清跟蛋黄面糊全部融合时，如果拌不均匀，没有均衡地分布在面糊里面，一切开烤好的蛋糕时，就会发现有蛋清的残留。

蛋清跟蛋黄面糊全部融合

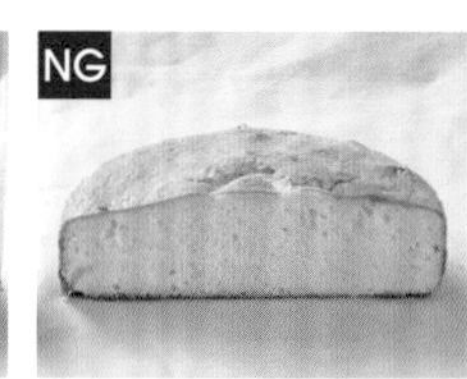

拌和时若是拌不匀，切开后可以看到蛋清块残留。

另外一个原因是消泡，这样的蛋糕切开会没有孔洞，变成扎实的面团。消泡之后的口感，就会类似鸡蛋糕，组织内的孔很小、很平、很扎实，但是放一阵之后就会变得很干。

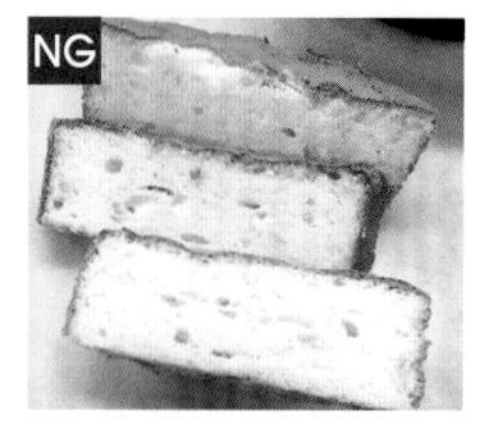

蛋清打发得过度，产生粗糙的空洞。

Q5. 从模具里拿出来后就凹下去

烤好的蛋糕需完全冷却后才能放入冷藏或冷冻，待蛋糕定形再从模具内取出。如果蛋糕还很热，中心还没有完全冷却时就把它拿出来，会产生塌陷。因为热胀冷缩的关系，一定要等到里面定形，否则稍微按压可能就会塌陷。

完全冷却，待蛋糕定形再从模具内取出，外观就会漂亮。

蛋糕还很热，中心温度还没有完全冷却就取出，会产生塌陷。

倒扣，是希望热气不要残留在底部，让热气可以排出，需要倒扣的蛋糕大概都是七八分满，一般来说有倒扣的成功率会比较高，而不需要倒扣的蛋糕配方，基本上都是比较满的。

Q6. 戚风蛋糕在烤的时候，中间高四周低，然后爆开，像发糕一样

如果底火温度过高，会造成受热不均匀，集中在底部的热气，因为要找地方钻，所以就会从中间排出。如果蛋糕表面膨胀得太高，但是还没有爆开的情况，可以拿竹扦在表面戳1~2个洞，让热气往其他地方跑。

Q7. 形状不好看，高度不一致

将面糊挤入模具时，除了面糊量需平均之外，还要将模具内的面糊敲平整，排除多余空气后再烤，否则做出来后形状就会不好看。例如，做磅蛋糕最好是用裱花袋去挤，整平并排除多余的空气之后再去烘烤。有些人的做法，是很随性地用橡皮刮刀把面糊挖进模具中，再用橡皮刮刀抹一抹后就去烘烤。所以面糊里面会有空隙，也因为没有敲平，造成烤出来的形状不够漂亮。

如果面糊有高有低，也会影响到切面的美观性，所以务必要整平之后再去烤，烤后的高度才会一致。

将面糊挤入模具时，面糊的量不平均，或是没有敲平整让多余空气排出再烤，就会影响烘焙后的高度。

面糊装入裱花袋后，平均挤入模具中，整平并排除多余空气后烘烤，就可以烤出漂亮外形。

很随性地用橡皮刮刀把面糊放进模具里，烘烤出来就会高低不一。

面糊敲平，烤出来的高度才会一致。

Q8. 水果磅蛋糕的水果都分布在底部

水果需均匀分布在面糊里。一般来说水果会聚集，大概是因为水果太重。比较小的水果，比如说葡萄干类通常能够平均分散。但如果使用的是新鲜水果，就比较容易发生聚集状况。因为新鲜水果会出水、太重，就容易沉下去。像是葡萄或是草莓、苹果，因为有出水问题，就会出现面糊和水分开的情况。面糊的旁边会有一圈的水分残留。

水果尽量切成小丁，或是先把水果丁与部分面糊拌匀后，将水果面糊挤在中间层，再挤没有水果干的面糊，烘烤出来的切面，水果分布就会比较均匀。

面糊和水果的比重如果不一致，或是使用的是新鲜水果，就会发生水果聚集在底部的状况。

若使用的都是水果干，就必须注意太大的水果干需要切丁再使用。例如杏桃干，因为较硬，制作前切成0.5～1厘米左右的小丁会比较好。先将水果丁与部分面糊拌匀，并且将水果面糊挤在中间层，上层再挤没有水果干的面糊，然后去烤。

Q9. 大理石蛋糕无法做出漂亮的纹路

纹路分为两种，一种是蛋糕组织的纹路，像是大理石蛋糕就是把黑色部分平均挤在中间，它就会自然膨胀，如果用刀子去划黑色的纹路，万一划得太乱，这样黑色部分就会被白色部分吸收，造成纹路不清楚。最好的方式就是均匀挤入，让黑色部分（也就是巧克力），经过膨胀之后，就会产生漂亮的纹路。

另一种则是表面的纹路。一般做磅蛋糕时，烤完后表面会自然裂开，中间产生一条缝，往旁边裂开。有些蛋糕的泡打粉添加不够或者是没有割线，就会产生表面膨胀得不够漂亮的问题。例如在做香蕉蛋糕的时候，因为淀粉含量比较高，糖分也比较高，膨胀后造型会不漂亮，所以会在烘烤大约20分钟、表皮稍微凝固时，用刀去割一条线，让热气可以排出来，就可以膨胀得更漂亮。

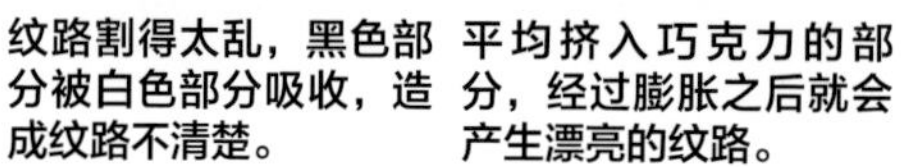

纹路割得太乱，黑色部分被白色部分吸收，造成纹路不清楚。

平均挤入巧克力的部分，经过膨胀之后就会产生漂亮的纹路。

Q10. 烤干酪蛋糕表面烧焦、中间没熟

轻奶酪蛋糕的做法是将蛋清打发再去和奶酪拌和，因为蛋清打发的关系，体积跟组织的膨松度就会比较高，糖分也比较高。因为烘烤时上色比较快，所以轻奶酪蛋糕的烤法跟磅蛋糕有一点类似，在膨胀起来、表面稍微有一点金黄色时，上火就要关掉，用焖烤的方式让整体中心熟透。通常上火的温度是200～220℃，底火部分大概是150℃，用隔水方式烘烤，如果上色之后不关上火，继续用这个温度从头烤到尾，因为温度过高，表面就会烧焦。

轻奶酪的判定法跟戚风还有海绵不一样，通常戚风或是海绵膨胀之后，热度大概就有七八成，但是轻奶酪蛋糕会先膨胀，可是中心的熟度大概只有三四成。所以到烘焙后段要把上下火全部关掉，用闷的方式闷熟，轻奶酪的烤法也类似烤布丁，是用蒸烤的方式。

轻奶酪因为是用蛋清打发后去拌和奶酪制成，会有绵绵的口感，如果烘焙后段的加热温度过高，中间就会爆开。

而重奶酪就是把奶酪打发后跟糖拌和，所以不会存在爆开的问题。

Q11. 干酪蛋糕中间凹下去

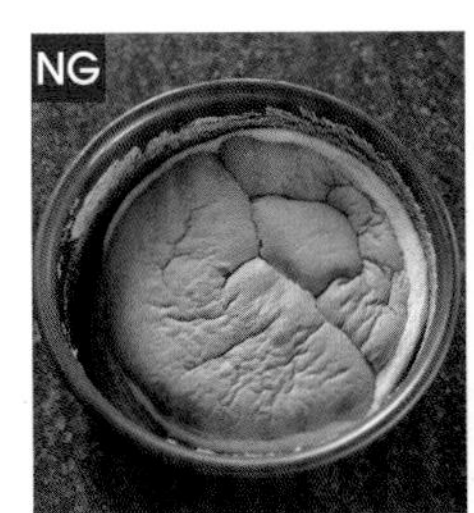

太用力的晃动，会造成组织结构被破坏而塌陷。

如果中间没有完全熟透，在脱模之后就会看到中间塌陷。

奶酪蛋糕需要长时间用焖烤的方式进行制作，让中心熟透。但是有些人会在烘烤的过程中，将蛋糕的内部结构破坏，比如打开烤炉看一下。因为轻奶酪蛋糕属于脆弱型的蛋糕，基本上粉类没有很多，完全是靠蛋清支撑，而蛋清就是气泡，属于固体的成分就是干酪本身，所以让膨胀的来源就是靠蛋清。如果太大力的晃动，会造成组织的结构被破坏，就会塌下去；或者是在完全没有熟透时就拿出来，中间没有熟的部分因为撑不住，中间就会凹陷。

如果要排除上项因素，第一点就是特别注意在烘烤的过程中绝对要避免晃动。第二点则是控制温度。轻奶酪蛋糕需要一出炉时就脱模，如果没有完全熟透，在脱模之后就会看到中间塌陷，所以烘烤过程中要注意调整炉温，长时间用焖烤的方式让整体熟透就能避免失败。

Q12. 膨起来的表面很硬

磅蛋糕因为高度比较高，表面受热会比较快，所以通常在烘焙时，当表面有点上色之后，就要把上火关掉，用焖的方式去烤，并用下火烤。如果上火持续加热，表面就会一直受热，因为磅蛋糕的含糖量高，就会把表皮烤成一个酥面。而且会造成上部面糊的水分流失太多，形成类似饼干的口感。

Lesson 8

五星级 食谱大揭秘

巧克力费拿雪
Chocolate Financier

材料

无盐黄油450克（27.7%）| 杏仁粉180克（11.1%）
糖粉375克（23.1%）| 低筋面粉142克（8.7%）
可可粉30克（1.7%）| 蛋清450克（27.7%）

做法

1. 锅中放入无盐黄油。

2. 以小火慢慢煮至焦化状态后待凉（约70℃）备用。**（Tips1）**

3. 将杏仁粉、糖粉、低筋面粉与可可粉过筛后放入搅拌钢盆内。

4. 一边搅拌一边倒入蛋清，使用桨状拌打器慢速拌匀，拌至表面光滑、无颗粒感（这时温度为40～45℃）。

5. 倒入化黄油拌匀。

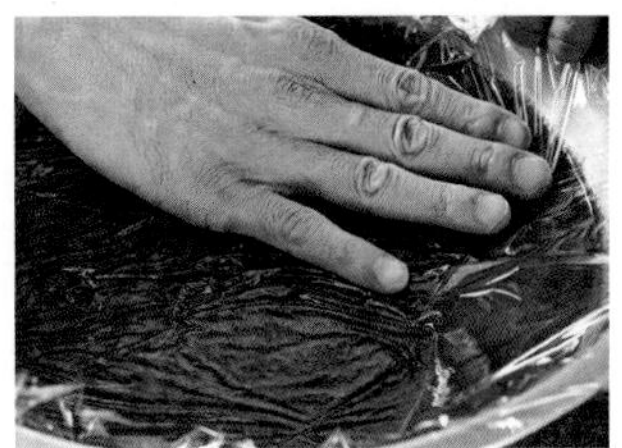

6. 倒入盆中，封上保鲜膜，放置冷藏松弛5小时。**（Tips2）**

7. 在硅胶模上喷些烤盘油。

8. 以左右来回的方式挤入八分满面糊，再敲一敲烤盘，排出空气。

9. 烤箱事先预热好，烘烤时先以200/170℃烤10分钟，再调至170/170℃烤15～20分钟，以指腹轻轻按压蛋糕表面会回弹即可出炉。

Tips

1 焦化过程中，黄油会从鲜黄色变暗黄色，直到变琥珀色。过程中会有沉淀物产生，是香气的来源，所以不用捞出。

2 封保鲜膜的动作叫作“贴面封”，第一层紧贴面糊，第二层贴在钢盆上，避免面糊和空气接触，以免产生结皮。

橙香烧果子磅蛋糕

Orange Financier

材料

无盐黄油450克（25.4%）｜杏仁粉180克（10.1%）
低筋面粉170克（9.6%）｜糖粉375克（21.1%）
蛋清450克（25.4%）｜橘子皮150克（8.5%）｜装饰水果适量

做法

1. 锅中放入无盐黄油。

2. 以小火慢慢煮至焦化状态后放凉备用。（**Tips**）

3. 将所有粉类过筛放入搅拌盆内。

4. 一边搅拌一边倒入蛋清，使用桨状拌打器以慢速拌匀。

5. 加入焦化的黄油。

6. 拌匀后，倒到另一个搅拌盆中，封上保鲜膜，放置冷藏松弛5小时。

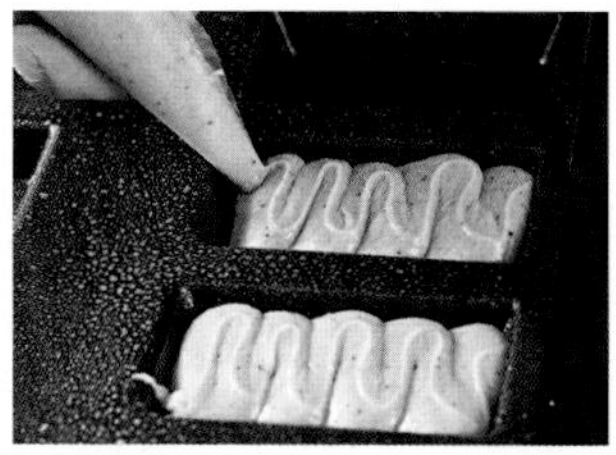

7. 在硅胶模上喷些烤盘油，挤入八分满的面糊，最后将橘子皮摆上。烤箱事先预热好，先以200/170℃烤10分钟，再将温度调至170/170℃烤15~20分钟，以指腹轻轻按压蛋糕表面会回弹即可出炉，以水果装饰即完成。

Tips

焦化过程中，黄油会从鲜黄色变暗黄色，直到变成琥珀色。在这个过程中会有沉淀物产生，这是正常现象，不用将其捞出，因为它们是香气的来源。

熔岩巧克力蛋糕

Rock Chocolate Cake

材料

蛋糕体

细砂糖100克（12.4%）| 动物性鲜奶油150克（25.5%）| 调温苦甜巧克力320克（39.5%）| 鸡蛋160克（19.8%）| 低筋面粉70克（8.6%）

内馅

吉利丁9克（1.5%）| 动物性鲜奶油150克（25.5%）| 细砂糖200克（34%）| 饮用水150克（25.5%）| 可可粉80克（13.6%）

内馅制作

做法

1. 将吉利丁片泡水后挤干水分备用。

2. 锅中放入动物性鲜奶油、细砂糖以及水，一起混合后煮沸，关火后再加入可可粉拌匀。

3. 趁热加入挤干的吉利丁，搅拌均匀后过滤。(Tips)

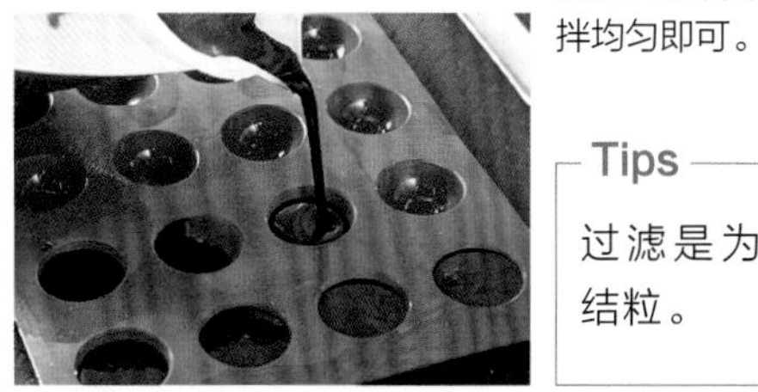

4. 倒入硅胶模具(半圆球状)中冷冻。

蛋糕体制作

做法

5. 锅中放入细砂糖与鲜奶油，一起混合煮沸后，倒入巧克力中拌匀。将蛋液分次加入拌匀。最后再加入过筛后的低筋面粉一起搅拌均匀即可。

Tips

过滤是为了避免可可粉结粒。

组装

做法

6. 将面糊灌入纸杯的1/4。

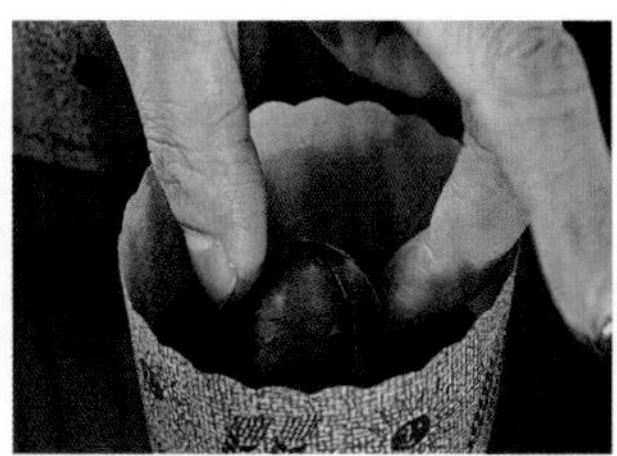

7. 轻轻放入2个(即1球)内馅，让它浮在表面上。

8. 再将面糊灌入至七分满，掩盖过内馅球体即可，并一一完成。放入已预热的烤箱中，以170/170℃烤约25分钟即可。

巧克力布朗尼
Chocolate Brownie

材料

可可含量为62%的调温巧克力350克（17.2%）｜可可粉25克（1.2%）
无盐黄油600克（29.6%）｜鸡蛋400克（19.7%）｜细砂糖300克（14.7%）｜盐5克（0.2%）｜低筋面粉200克（9.8%）｜泡打粉5克（0.2%）｜生核桃仁150克（7.4%）｜鲜奶油适量

做法

1. 将调温巧克力切碎后，与可可粉混在一起备用。

2. 将无盐黄油加热至80℃后，倒入巧克力中拌匀。

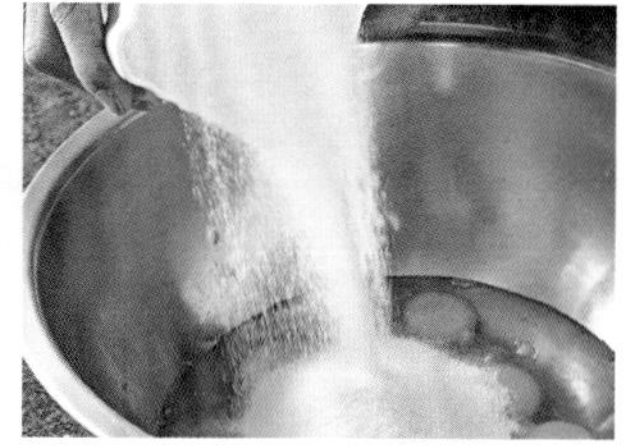

3. 鸡蛋、细砂糖、盐倒入盆中。

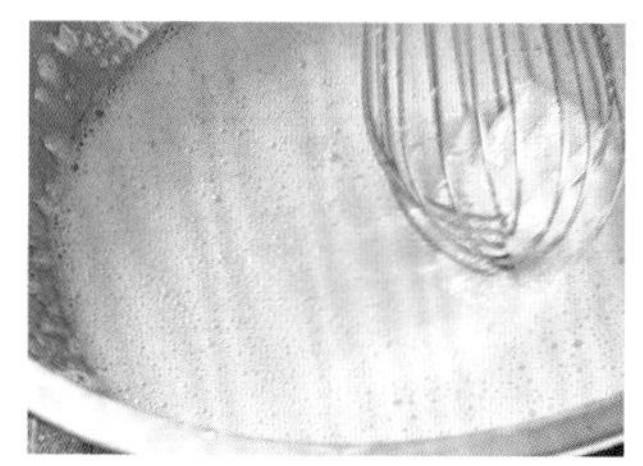

4. 使用打蛋器打发至稍微泛白。

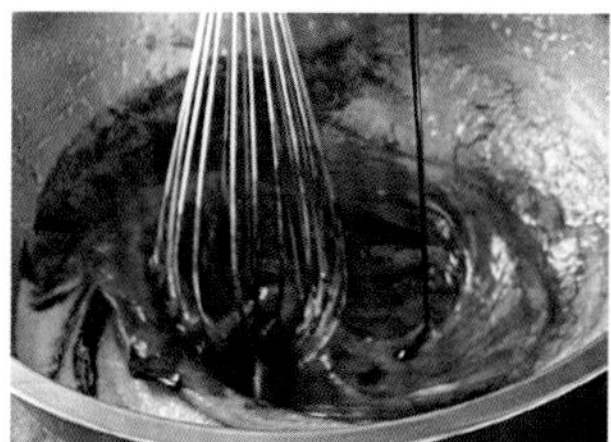

5. 再分次加入巧克力，一边搅拌，使其拌匀乳化。

6. 筛入过筛后的面粉及泡打粉。

7. 在模具上喷烤盘油。

8. 将面糊倒入至八分满。

9. 表面撒上核桃碎。以200/150℃烤15分钟，将温度调至150/150℃再烤15～20分钟即可出炉，待凉后挤上鲜奶油即可。

胡萝卜磅蛋糕
Carrot Pound Cake

材料

黄油120克（17%）| 糖100克（14.3%）| 盐1克（0.1%）
鸡蛋（保湿用）50克（7.1%）| 低筋面粉100克（14.2%）
肉桂粉0.5克（0.1%）| 泡打粉5克（0.7%）| 核桃仁20克（2.8%）
杏仁片25克（3.5%）| 橘子皮15克（2.1%）| 柠檬汁15克（2.1%）
胡萝卜泥85克（12%）| 杏桃果胶85克（12%）| 胡萝卜丝85克（12%）

做法

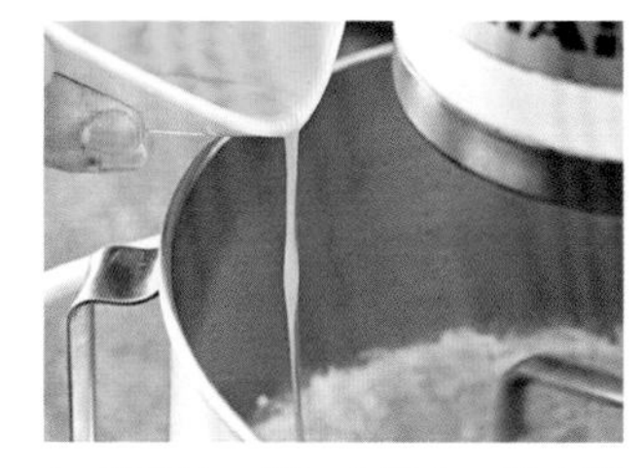

1. 将黄油、糖、盐混合，以中速打发至微发。

2. 加入鸡蛋拌匀，再依序加入胡萝卜泥、杏桃果胶继续搅拌。

3. 加入过筛的低筋面粉、泡打粉、肉桂粉，改以慢速打匀。

4. 再加入核桃仁、杏仁片、橘子皮、柠檬汁、胡萝卜丝拌匀。

5. 在模具上先喷烤盘油再粘面粉。

6. 装入面糊至八分满（约170克），装填后抹平。

7. 盖上硅胶垫（可阻止膨胀）。

8. 烤箱事先预热好，以250/170℃烤约15分钟，再将温度调至150/170℃烤约15分钟即可取出脱膜。

圣诞水果蛋糕
Christmas Fruit Cake

材料

无盐黄油337克（16.6%）| 细砂糖243克（11.9%）
盐7克（0.3%）| 鸡蛋270克（13.2%）
转化糖浆47克（2.3%）| 蜂蜜54克（2.6%）
低筋面粉405克（19.8%）| 小苏打粉7克（0.3%）
生核桃仁180克（8.8%）| 葡萄干180克（8.8%）
蔓越莓干180克（8.8%）| 黑朗姆酒135克（6.6%）

柠檬刷液

新鲜柠檬汁100克（28.6%）| 糖粉250克（71.4%）

装饰

圣诞糖公仔2个 | 圣诞装饰花环2个

做法

1. 将核桃仁、蔓越莓干、葡萄干泡入朗姆酒中备用。将无盐黄油、细砂糖、盐打发至泛白。鸡蛋、转化糖浆、蜂蜜加在一起，隔水加热至40℃。
2. 将蛋液分次加入黄油内拌匀乳化。再将低筋面粉与苏打粉过筛加入后拌匀。最后将干果类全部加入拌匀即可。在小长条模上铺烤盘纸，将面糊挤入，一条约200克。以200/150℃烤15分钟，再将温度调至150/150℃烤15～20分钟即可出炉，将模具取下，烤盘纸撕掉。
3. 将柠檬汁及糖粉拌到溶化，使用毛刷刷在整条蛋糕上。最后放上圣诞小装饰物即完成。

Lesson 9

解决鲜奶油失败的问题！

Q1. 鲜奶油结块多，口感差

鲜奶油在打发的过程中，如果打发过度就会结块，且让组织变得粗糙，口感就会比较差，所以要打得刚刚好。

鲜奶油如果打发过度就会结块。

Q2. 卡士达奶油产生颗粒和凝结的块状，影响口感

卡士达鲜奶油在搅拌均匀后，要均质过滤再使用。

卡士达奶油在搅拌完之后，必须过筛。

因为搅拌过程当中，它属于热凝结，要持续搅拌才会整体均匀，如果在操作过程中拌得不够均匀，因为有些部分过熟，有些部分不熟，多多少少就会产生结块，所以在搅拌完成后，要把过熟的部分过滤掉，这样整体才会有滑顺感。

这是做任何的卡士达鲜奶油必要的步骤，也就是搅拌均匀后，要均质过滤才能使用。

Q3. 无法做出滑顺的口感

增加鲜奶油或是奶油的比例，就能够让口感变得更滑顺。

适度增加鲜奶与奶油的比例，只要比例是正确的，口感就会比较滑顺。一般来说，会做一个卡士达奶油，再去额外添加鲜奶油或者是奶油，就能够顺利地让口感变得更滑顺。

举例来说，布丁面包的卡士达，在煮完、冷却完之后，直接包进去烤，口感就会比较筋道。一样的卡士达，若用打发的鲜奶油去拌和，因为打发过的鲜奶油的水分比较多，拌在一起之后，口感就会比较滑顺、更柔软，这个鲜奶油就可以拿去做西点的挞，例如香草卡士达酱，也可以变成泡芙的内馅。

卡士达鲜奶油在搅拌均匀后，要均质过滤再使用。

Q4. 杏仁奶油做好后质地不均使用均质器，可以让整体质地均匀

运用杏仁奶油制作挞类，像是法式挞类的内馅时，必须加入的很关键的材料就是杏仁粉。杏仁粉分为粗粒跟细粉两种，通常会发生质地不均的状况，是因为选择了粗粉的关系，粗粉可能会带皮，所以会让组织变粗，只要购买时稍加留意即可。

樱桃盆栽
Cherry Streusel Mousse

材料

慕斯

樱桃果泥250克（47.1%）| 细砂糖25克（4.7%）
吉利丁片6克（1.1%）| 动物性鲜奶油250克（47.1%）

酥菠萝

黑糖88克（28.5%）| 无盐黄油88克（28.5%）
低筋面粉133克（43%）

装饰

防潮可可粉适量 | 防潮糖粉适量 | 红樱桃馅适量

蛋糕体材料和做法请参考 P202 草莓巧克力酥菠萝盆栽

草莓巧克力
酥菠萝盆栽

慕斯

做法

1. 吉利丁片泡入冷饮水中，静置5分钟后取出，将水挤干备用。将果泥与细砂糖一起加热至60℃（锅边冒泡）后，将吉利丁片加入融化均匀，再加入打发的鲜奶油拌匀。
2. 隔着冰块水，持续搅拌至降温。

Tips

当慕斯温度不够低时，看起来是稀稀的状态，需要降温至拌起来稠稠的、出现纹路。

组装

做法

1. 将慕斯灌入盆栽杯中约1/3满，放入第一片蛋糕，再灌入一层慕斯，放入第二片蛋糕，最后灌入慕斯至杯子的八分满，放置冷藏3小时。
2. 将酥菠萝铺满在盆栽杯上，撒上防潮可可粉与防潮糖粉，再放上红樱桃馅即可。

草莓巧克力酥菠萝盆栽

Strawberry Chocolate Streusel Mousse

材料

蛋糕体

鸡蛋450克（37.4%）| 蛋黄60克（5%）
细砂糖200克（16.6%）| 低筋面粉150克（12.4%）
可可粉20克（1.7%）| 色拉油160克（13.2%）
无盐黄油105克（8.7%）| 鲜奶60克（5%）

草莓慕斯

吉利丁片12.5克（1.1%）
草莓果泥500克（47.1%）| 细砂糖50克（4.7%）
动物性鲜奶油500克（47.1%）

酥菠萝

黑糖88克（28.5%）| 无盐黄油88克（28.5%）
低筋面粉133克（43%）

装饰

防潮可可粉适量 | 防潮糖粉适量 | 草莓适量

蛋糕体制作

做法

1. 将鸡蛋、蛋黄、细砂糖快速打发至泛白后，换成中速打发至浓稠状态。（Tips）

2. 将面糊舀至钢盆中。面粉过筛后，慢慢加入面糊里，一边使用刮刀轻轻拌匀，再加入鲜奶拌匀。

3. 无盐黄油与色拉油一起煮至约80℃，快沸腾前加入可可粉拌匀。

4. 事先在铁盘上先铺好烤盘纸。将步骤2的混合物慢慢加到步骤1的混合物中拌匀。

5. 倒入铁盘内抹平。敲一下铁盘让表面消泡。

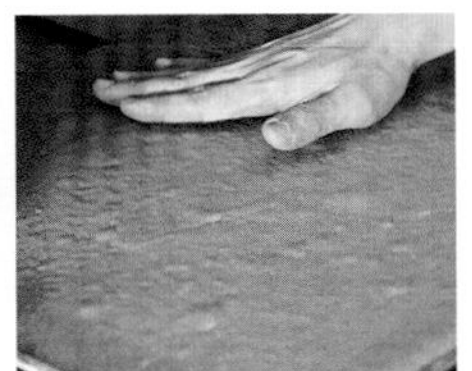

6. 放入已预热好的烤箱中，以200/170℃烤9分钟至表面微微上色，再将温度调至150/170℃续烤约9分钟，出炉后倒扣、撕掉烤盘纸，将表面放凉。

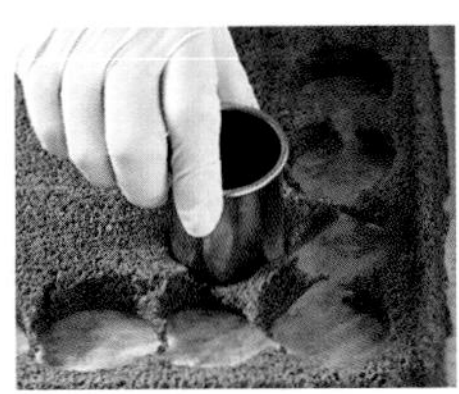

7. 以模具将蛋糕压出圆形备用。

Tips

如何判别打发过度：取一个刮板沾面糊，然后用手指画过去，如果不会滴下即表示打发过度。

慕斯制作

使用模具：布丁杯直径 7 厘米 × 高 6 厘米

1. 吉利丁片泡入冷饮水中，静置5分钟后取出，将水挤干备用。将果泥与细砂糖一起加热至60℃（锅边冒泡泡）后，将吉利丁片加入融化均匀。
2. 再加入打发的动物性鲜奶油拌匀。隔着冰块水，持续搅拌至降温。

Tips

当慕斯温度不够低时，看起来是稀稀的状态，需要降温至拌起来稠稠的、出现纹路。

酥菠萝制作

做法

8. 将所有食材使用桨状拌打器以慢速拌匀。

9. 将面团剥碎后铺在烤盘上，以150/150℃烤至呈金黄色。

组装

做法

10. 将慕斯灌入盆栽杯中约1/3满。

11. 放入第一片蛋糕。

12. 再灌入一层慕斯。

13. 灌入慕斯至杯子的八分满，放置冷藏3小时。将酥菠萝铺满在盆栽杯上，撒上防潮可可粉与防潮糖粉，再放上草莓即可。

黑樱桃酥菠萝盆栽

Dark Cherry Streusel Mousse

材料

酥菠萝

黑糖88克（28.5%）| 无盐黄油88克（28.5%）

低筋面粉133克（43%）

慕斯

黑樱桃果泥250克（47.1%）| 细砂糖25克（4.7%）

吉利丁片6克（1.1%）| 动物性鲜奶油250克（47.1%）

装饰

防潮可可粉适量 | 防潮糖粉适量 | 酒渍樱桃适量

开心果适量

蛋糕体材料和做法请参考 P202 草莓巧克力酥菠萝盆栽

酥菠萝

做法

1. 将所有食材使用桨状拌打器以慢速拌匀。
2. 将面团剥碎后铺在烤盘上，以150/150℃烤至呈金黄色。

提拉米苏盆栽

慕斯

做法

1. 吉利丁片泡入冷饮水静置5分钟后取出，将水挤干备用。将果泥与细砂糖一起加热至60℃（锅边冒泡）。将吉利丁片加入融化均匀。加入打发的动物性鲜奶油拌匀。
2. 隔着冰块水，持续搅拌至降温。

Tips

当慕斯温度不够低时，看起来是稀稀的状态，需要降温至拌起来稠稠的、出现纹路。

组装

做法

1. 将慕斯灌入盆栽杯中约1/3满，接着放入第一片蛋糕，再灌入一层慕斯，放入第二片蛋糕，最后灌入慕斯至杯子的八分满，放置冷藏3小时。
2. 将酥菠萝铺满在盆栽杯上，撒上防潮可可粉与防潮糖粉，再放上酒渍樱桃及开心果即可。

提拉米苏盆栽
Tiramisu Streusel Mousse

材料

咖啡酒糖液

水100克｜细砂糖50克｜咖啡粉30克
咖啡酒100克

慕斯

蛋黄140克（11.3%）｜细砂糖80克（6.4%）
水50克｜马斯卡彭250克（20.3%）
干酪250克（20.3%）｜吉利丁片13克（1.1%）
动物性鲜奶油500克（40.6%）

酥菠萝

黑糖88克（28.5%）｜无盐黄油88克（28.5%）
低筋面粉133克（43%）

装饰

防潮可可粉适量｜防潮糖粉适量｜薄荷叶适量
手指蛋糕【做法请参照 P54】

咖啡酒糖液制作

1. 将水、细砂糖煮沸。
2. 离火后加入咖啡粉拌匀。
3. 隔着冰块水降温，放凉后加入咖啡酒即可。

慕斯制作

1. 吉利丁片泡入冷饮水中，静置5分钟后取出，挤干水分备用。
2. 将细砂糖倒入煮锅中，加入水至覆盖住糖即可，一起加热至116℃。
3. 蛋黄事先打发，将糖浆慢慢倒入，一边继续打发至完全发泡变成炸弹面糊。（Tips1）
4. 马斯卡彭与干酪用手捏软拌匀，将炸弹面糊以慢速分次加入拌匀，过程中需进行刮容器内壁。（Tips2）
5. 将吉利丁片加热融化（约50℃）后加入拌匀。（Tips3）
6. 将动物性鲜奶油打发至稠状后加入，搅拌至均匀滑顺即可。（Tips4）

酥菠萝制作

将所有食材使用桨状拌打器拌匀成团，将面团剥碎铺在烤盘上，以150/150℃烤至金黄色即可。

组装

1. 将手指饼干两面都抹上酒糖液。
2. 盆栽杯中先灌入薄薄一层慕斯，放上一片手指蛋糕，再灌入第二层慕斯、放第二片蛋糕，最后灌入慕斯约八分满。敲一下拍平，放置冷藏3小时。
3. 将酥菠萝铺满在盆栽杯上，撒上防潮可可粉与防潮糖粉，再放上薄荷叶即可。

Tips

1 糖浆在空气中暴露太久时，会形成结晶，就无法融入蛋黄中，因此一离火就要马上倒入搅拌盆中。

2 马斯卡彭与干酪的油脂含量不同，马斯卡彭较软、干酪较硬，因此需先把两者混合揉匀。这时候要把网状拌打器改成桨状拌打器，并开慢速搅拌，快速搅拌的话会出油。

3 这时候的炸弹面糊已经变凉，吉利丁片需要够热才不会结块。

4 动物性鲜奶油可以事先打发好，放于冰箱冷藏备用。

棉花糖
Mashmallow

材料

吉利丁片25克（3.4%）｜果泥（百香果）20027%
细砂糖290克（39.1%）｜转化糖ⓐ100克（13.5%）
转化糖ⓑ125克（16.9%）｜玉米淀粉适量

做法

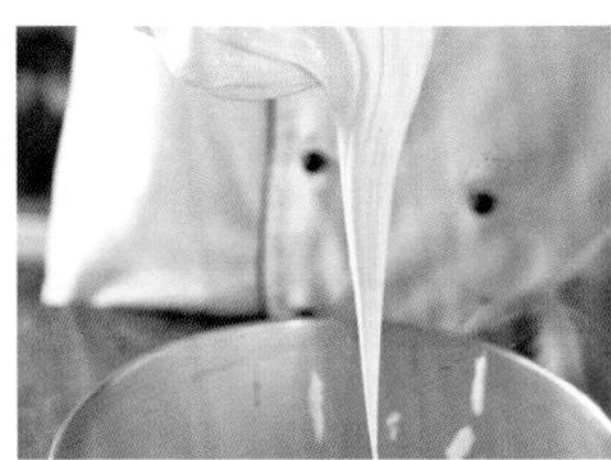

1. 将吉利丁片分片交错泡入冷饮水中，静置5~10分钟后取出，挤干水分备用。将吉利丁片微波融化，加入转化糖ⓑ快速打发至稠状。将果泥、细砂糖、转化糖ⓐ煮至111℃，沿着搅拌盆边沿倒入正在打发的步骤2中，持续打约30分钟，到降温至30℃左右即可。（Tips1）

2. 在木板上垫上硅胶垫，再喷上烤盘油（或撒上玉米粉），使用铁条围成正方形，并将棉花糖倒入抹平，在室温中静置半天待完全凝固为止即可脱模。（Tips2）

3. 在棉花糖表面先撒少量玉米淀粉。

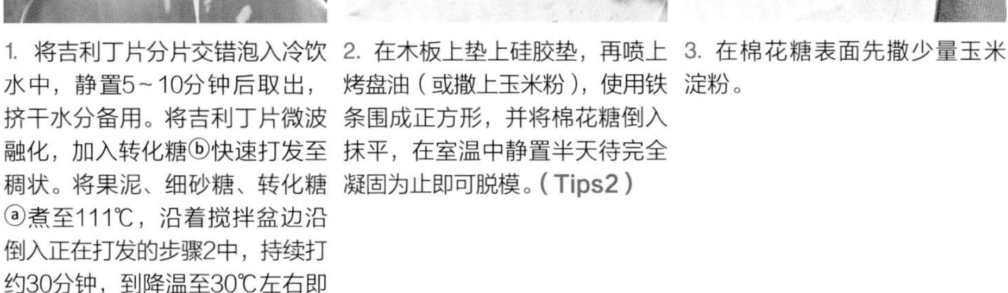

4. 用西点刀直切成5厘米宽的条状。

5. 在切面上沾上玉米淀粉。

6. 再横切成5厘米见方的块状。

7. 最后在切面上撒上适量的玉米淀粉即可。

Tips

1 需打发到很稠、提起时呈尖状。
2 放置一个晚上，会变得更有韧性。

仙人掌盆栽

Cactus Cup Cake

材料

鸡蛋250克（19.8%）｜细砂糖280克（22.1%）
低筋面粉280克（22.1%）｜色拉油280克（22.1%）
鲜奶100克（7.9%）｜泡打粉15克（1.2%）

做法

1. 将鸡蛋、细砂糖使用桨状搅拌器以慢速打发。一边搅拌，一边加入过筛的低筋面粉、泡打粉。再加入色拉油拌匀。
2. 再加入鲜奶拌匀即可。将面糊灌入盆栽杯中约五分满。
3. 以200/150℃烤10分钟，再将温度调至150/150℃烤10～15分钟即可出炉。
4. 待凉后使用贝壳形、花瓣形花嘴，于蛋糕上挤出奶油霜等多种造型。

Lesson 10　解决装饰时失败的问题！

装饰①挞的装饰

草莓、蓝莓、覆盆子这类色彩比较鲜艳的水果，是装饰挞类甜点的首选。

Q1. 无法漂亮的装饰

多选用色彩鲜艳亮丽的水果与装饰物品做装饰。

挞类的装饰，以水果挞为例，如果要做得漂亮，就要用水果。可以选用色彩比较鲜艳的水果，例如草莓、蓝莓、覆盆子、芒果，或是黑醋栗、飞涉栗水果等，做装饰物会比较好。

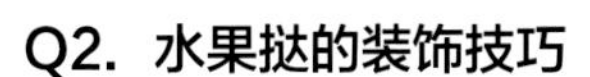

Q2. 水果挞的装饰技巧

水果的大小还有放置时的高度方位，是装饰挞类甜点需注意的要点。

在做装饰的过程中，一定要营造出层次感，还要考虑色彩的搭配组合。在堆叠的过程中，大原则就是要先挑出水果的大小，还有高度、位置，一般装饰是从低到高。除了美观，注意季节感与层次间口味的搭配也非常重要。

装饰②蛋糕的装饰

Q1. 蛋糕的鲜奶油涂得不漂亮

抹侧面时抹刀与蛋糕体保持直角。

做鲜奶油蛋糕装饰时一定要准备蛋糕的转台。要做蛋糕装饰的鲜奶油一定是在打发程度刚好的状态下才能去做装饰。抹面时手部必须保持稳定，抹侧面时抹刀与蛋糕体保持直角，抹表面时抹刀与蛋糕体保持水平，这些过程都需要多加练习，才能越来越熟练。

Q2. 蛋糕体凸成山形该怎么处理?

可以把多余的鲜奶油刮除，再将表面修整即可。

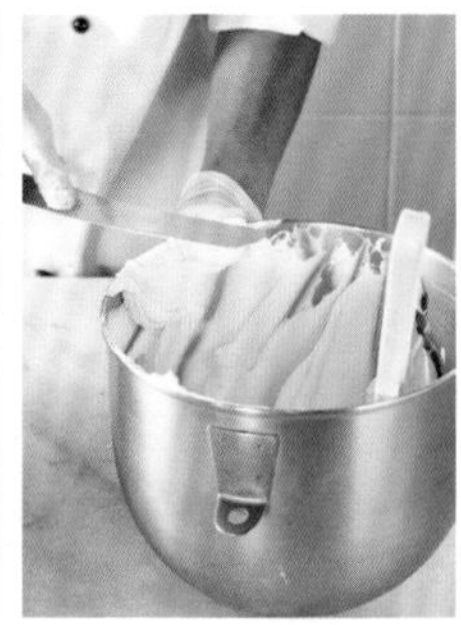

仔细地将表面多余的鲜奶油刮除，就可以装饰出漂亮的侧面。

Q3. 蛋糕的装饰技巧

在抹蛋糕的过程中，抹刀多多少少都会残留鲜奶油，因而沾染到蛋糕体。此时就一定要把这个部分的蛋糕体刮除，这个动作不能省略。在刚开始的阶段，比较容易沾染到蛋糕，等到鲜奶油的厚度增加，全部都是鲜奶油的时候，就可以达到保护的效果。

抹表面时抹刀与蛋糕体保持水平。

蛋糕体装饰技巧 | Step by Step

1. 横切后去除碎屑

将蛋糕横切成三等份，拨下蛋糕周围的碎屑。

2. 在第一层蛋糕上均匀涂抹鲜奶油

将第一层蛋糕放到转台上，取出适量的鲜奶油放在蛋糕上，并且由内往外将奶油抹平。

3. 放入水果丁，再抹上鲜奶油

将各样水果均匀铺上后，抹上一层鲜奶油，再盖上第二层蛋糕。

Tips

夹馅与蛋糕体的颜色相配蛋糕才会好看。通常底层会放较重的水果。

4. 在第二层蛋糕上均匀涂抹鲜奶油，铺上水果丁

取出适量的鲜奶油放在第二层蛋糕上，并且由内往外将奶油抹平，在上面均匀铺入水果丁，完全铺平后，再抹上适量的鲜奶油，盖上第三层蛋糕。

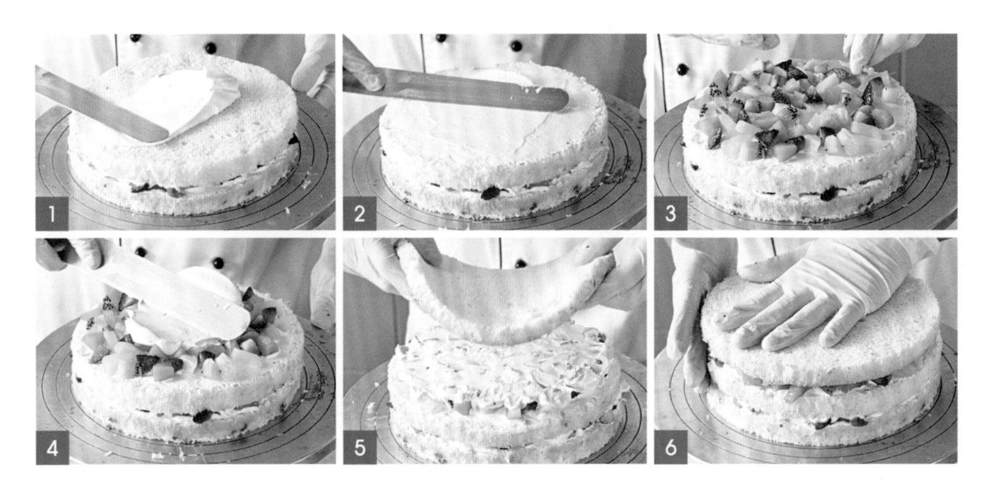

Tips

三层蛋糕要压紧实，并且对齐叠上。

5. 抹刀以圆心为准，旋转转台，于正面抹鲜奶油

取出适量的鲜奶油放在蛋糕体上，然后将抹刀以圆心为准，搁置在鲜奶油上方，在不移动抹刀的状态下，旋转转台，鲜奶油就能抹得很均匀。

6. 于侧面抹鲜奶油

将抹刀移到蛋糕侧面，与蛋糕体呈90度放置，一边旋转转台，一边抹平鲜奶油，再将底部多出来的鲜奶油刮干净，表面的鲜奶油则由外往内收。抹刀只用前端到中间部分，每刮一次鲜奶油，就要擦拭一次。

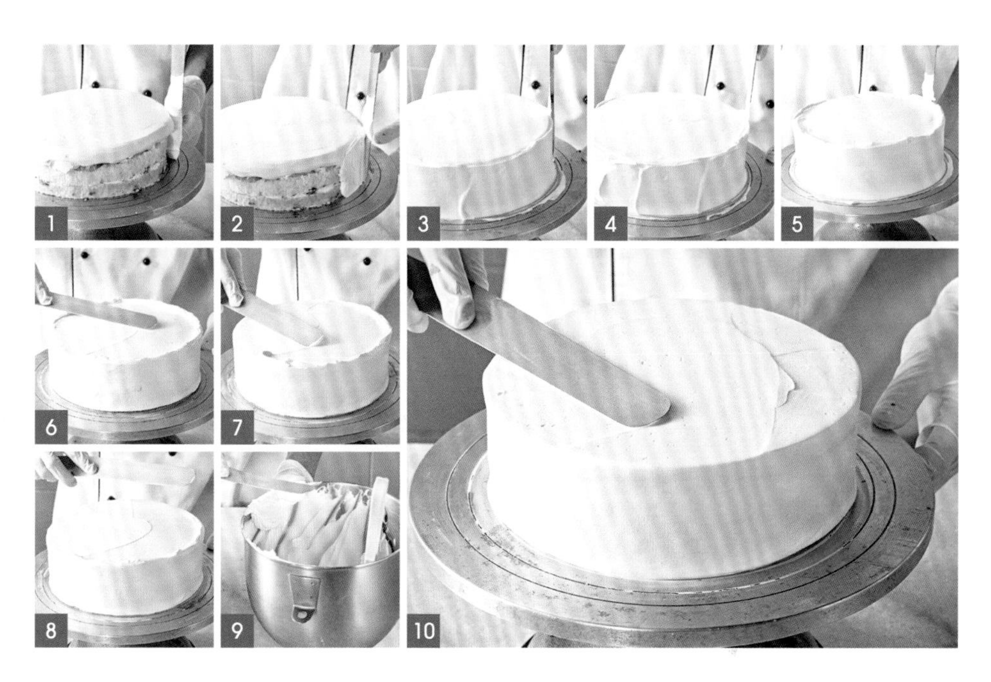

> **Tips**
>
> 抹刀不需要移动，只需旋转转台。抹刀如果放歪了，成品就会歪斜。

7. 移出转台

将抹刀戳入蛋糕底部，位置约一半以上，再用另一手辅助撑起蛋糕，缓缓地移动到放置用的金底上，就可以开始进行表面装饰。

蛋糕表面装饰实作 | Step by Step

1. 贝壳形裱花装饰法

利用推拉法，在蛋糕底部挤出一圈贝壳形的鲜奶油。

2. 波浪形裱花装饰法

在蛋糕表面挤上波浪形的鲜奶油。

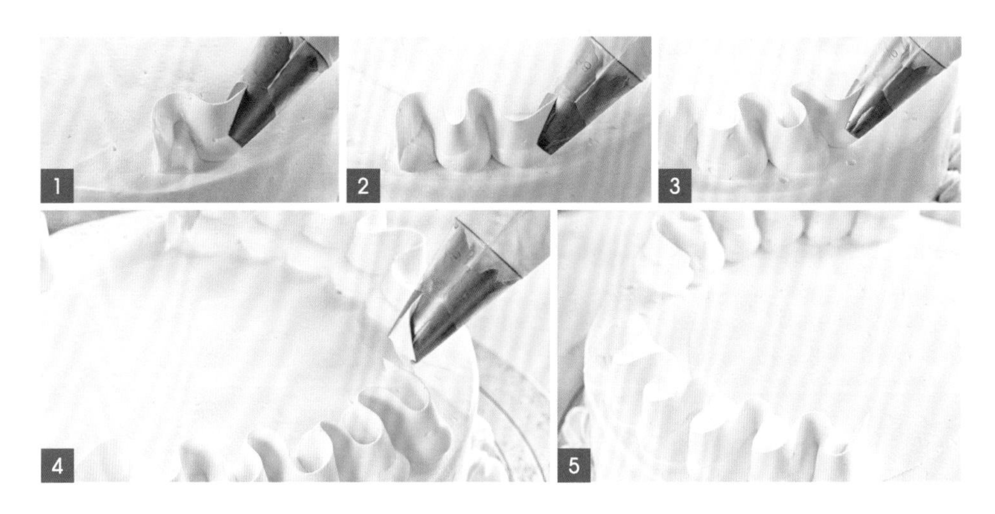

3. 圆形裱花装饰法

在波浪形鲜奶油定点上，以轻轻向上拉的方式，挤出圆形鲜奶油。

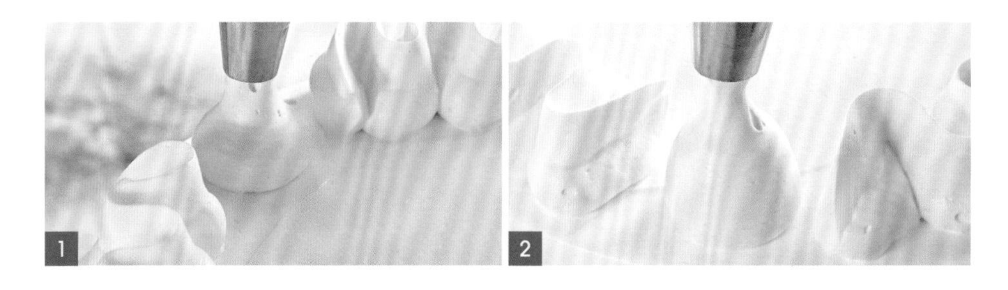

4. 以各种水果做装饰

放上各种色彩缤纷的水果做装饰。

Tips

将水果削尖，摆上去后较有立体感，摆放时也不需刻意摆整齐，另外注意颜色的对比，这样成品会更漂亮。

5. 刷上杏桃果胶，撒上开心果碎

果胶用沾的方式刷上，会比较平整，看起来也比较亮。

巧克力蛋糕装饰

1. 以巧克力鲜奶油装饰表面

将巧克力鲜奶油涂抹在蛋糕体上后，取一个齿状三角形刮板，浮贴在侧面鲜奶油上，转动转台，即做出纹路。

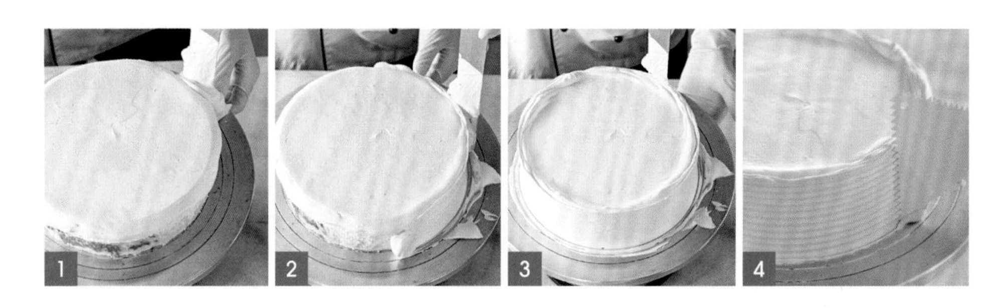

2. 把表面多余的鲜奶油刮掉

蛋糕侧边做出纹路后，一边转动转台，一边将多余的巧克力鲜奶油以抹刀刮除。

3. 淋上甘纳许

事先将巧克力与鲜奶油以23∶17的比例调配成甘纳许。将甘纳许由上往下淋，只需转动转台，并用刮刀轻压表面，甘纳许就会自然流下。接着将蛋糕移到金底上。

4. 挤上一圈螺旋状鲜奶油

在蛋糕表面挤上一圈螺旋状鲜奶油，挤鲜奶油时，先找出要呈现的那一面，将终点作为起点开始移动，最后往内收。

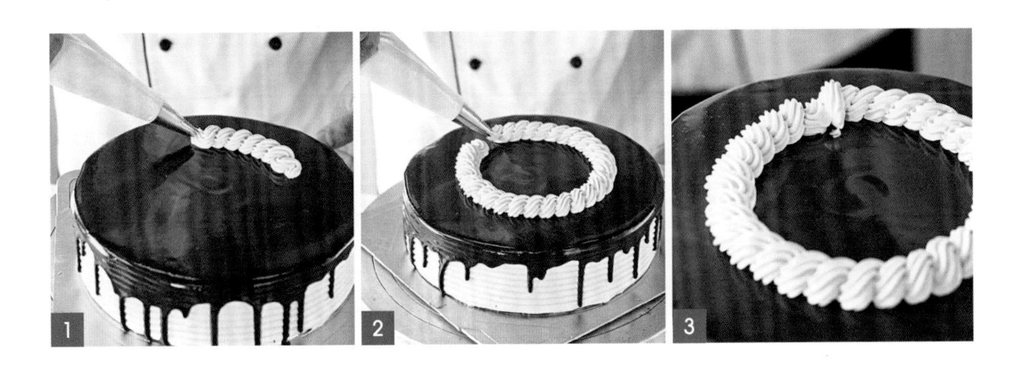

5. 铺入巧克力屑

在螺旋状的鲜奶油中间，均匀铺上巧克力屑。

6. 做出玫瑰花造型的挤花

取一支筷子，先挤上花心，再挤上一片一片的花瓣（约14瓣）。制作时要一边微微旋转筷子，一边挤制。最后用剪刀拿起玫瑰花，放到蛋糕上，再逐一完成其他即可。

7. 表面装饰

在巧克力屑上撒上干燥覆盆子、开心果碎，放上巧克力装饰条，再撒上糖粉，最后再用草莓果胶点在花心上。

卡通蛋糕装饰

1. 蛋糕体先修饰成圆弧状

先将蛋糕体的边缘修成圆弧状，并且把三片蛋糕压紧实。

2. 抹上鲜奶油

将蛋糕表面与侧面均匀抹上鲜奶油。

3. 蛋糕体再修饰成半圆形

将中指、大拇指放在刮板的斜对角位置，将刮板放在鲜奶油上，转动转台，即形成半圆形。再用抹刀修掉上面多余的鲜奶油。

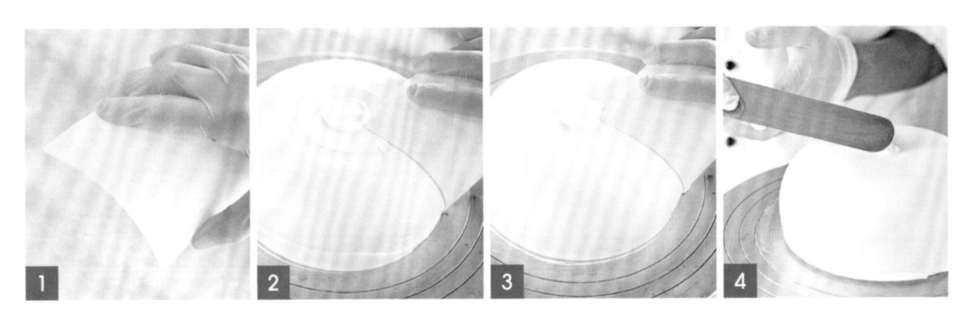

Tips

依据刮板压出的弧度不同，会影响鲜奶油在蛋糕上形成的圆环的形状。

4. 表面装饰

用模型略压出预留鼻子以及嘴巴的圆形空间，并在圆形空间之外的整个面挤满毛茸茸状的鲜奶油。放上两片巧克力当作耳朵，再于耳朵中间挤上鲜奶油。接着利用巧克力做出“眼睛”“王”字等，将全部装饰摆上去即完成。

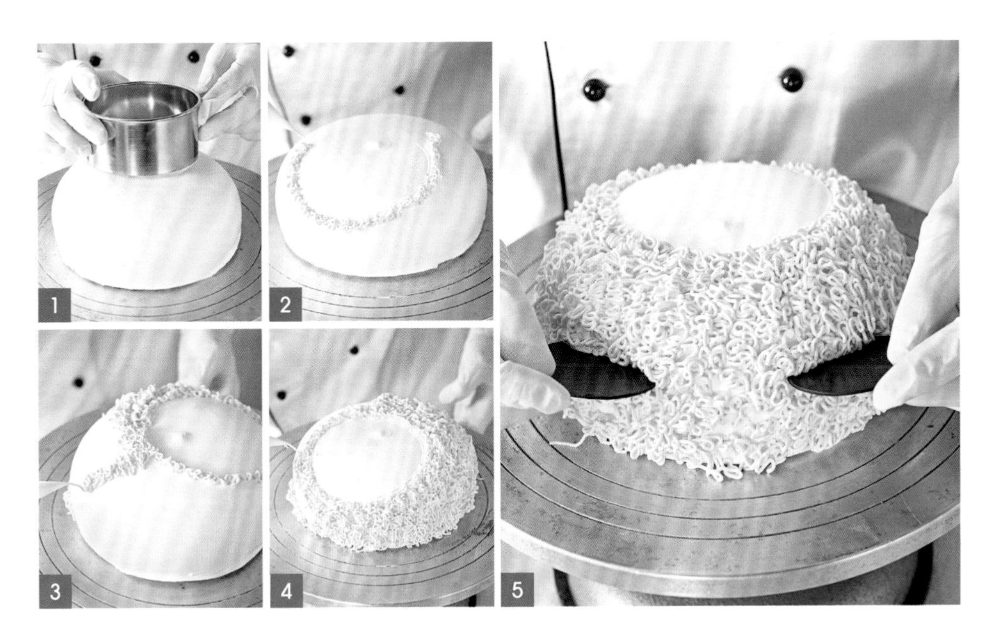

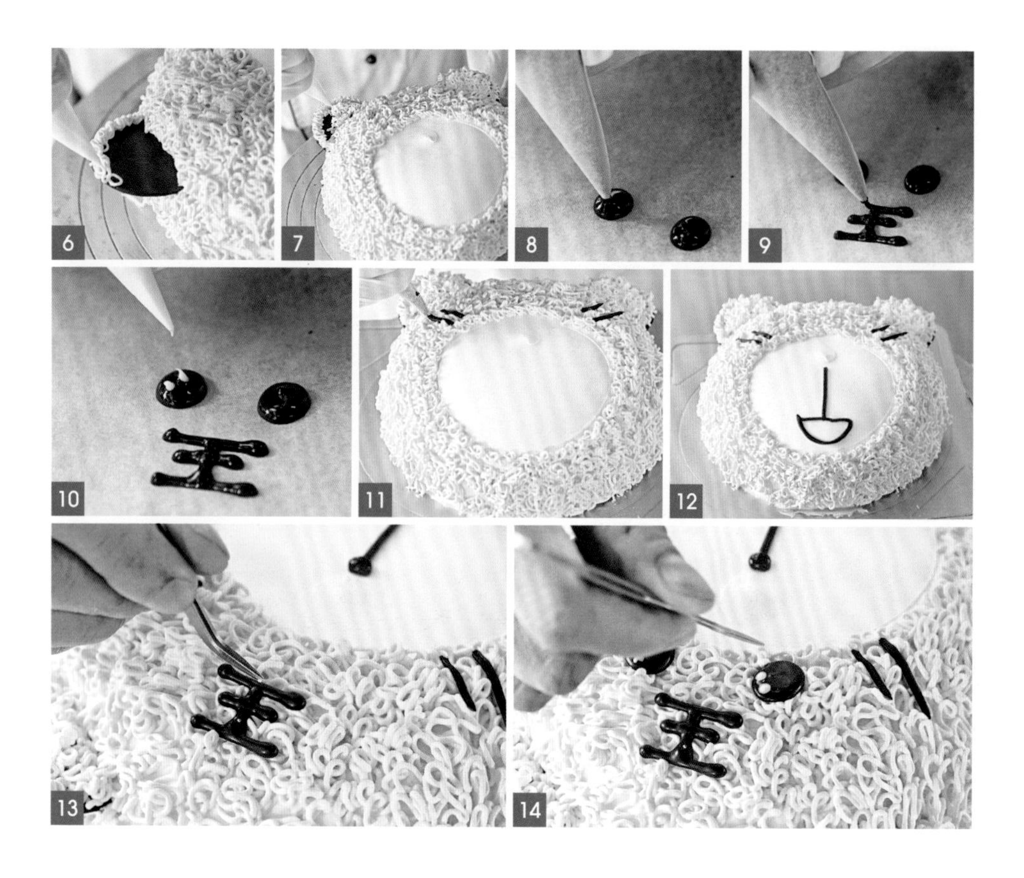

完成

beat the butter in a KitchenAid® Artisan
until pale. Add the cream cheese and icing
beat for 6–8 minutes or until smooth. Using a
spread the frosting over the cake, scraping
to create a 'naked' cake effect. Scatter with
raspberries, if using, to serve. Serves 12.

图书在版编目（CIP）数据

做甜点不失败的10堂关键必修课 / 开平青年发展基金会著. —北京：中国轻工业出版社，2023.4
ISBN 978-7-5184-3848-8

Ⅰ. ①做… Ⅱ. ①开… Ⅲ. ①甜食—制作 Ⅳ. ①TS972.134

中国版本图书馆CIP数据核字（2022）第002548号

责任编辑：卢　晶　　责任终审：李建华　　整体设计：锋尚设计
策划编辑：卢　晶　　责任校对：宋绿叶　　责任监印：张京华

出版发行：中国轻工业出版社（北京东长安街6号，邮编：100740）
印　　刷：北京博海升彩色印刷有限公司
经　　销：各地新华书店
版　　次：2023年4月第1版第1次印刷
开　　本：889×1194　1/16　印张：14
字　　数：250千字
书　　号：ISBN 978-7-5184-3848-8　定价：69.80元
邮购电话：010-65241695
发行电话：010-85119835　传真：85113293
网　　址：http://www.chlip.com.cn
Email：club@chlip.com.cn
如发现图书残缺请与我社邮购联系调换
200556S1X101ZYW